在坚强中柔软，
在纷繁中强大。

Create the World You Want.

创造
你想要的
世界

Create
the World
You Want

刘 楠 著

湖南文艺出版社
HUNAN LITERATURE AND ART PUBLISHING HOUSE

博集天卷
CS-BOOKY

Create the World You Want.

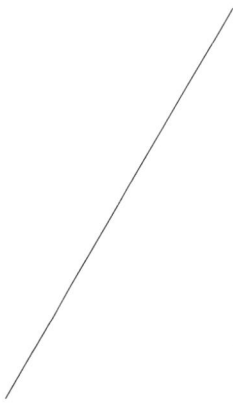

目 录
Contents

Preface 前言

脚踩淤泥，心向光明

Part 1

无论如何，我感谢自己当初做了这样一个决定。

一个妈妈的梦想：权衡家庭与世界

Part 2

稳健和激进的切换，要根据时机时局来决定，并且打破自己的处事习惯。

创业大时代：人人都是 CEO

Part 3

度过了孤独时刻，还是有人陪你同行的。

不可避免的成长：一切靠撑住

Part 4

我需要一个地方，不去权衡，痛痛快快地说话。

自我绽放：做次自己又何妨

Part 5

什么是最好的出路，没有人会告诉你。青春就是要完成这场焦灼，每天痛苦得死去活来。

年轻人在职场：把一切献给当下

Epilogue 后记

生于 1984 年

Preface ^{前言}

脚踩淤泥，
心向光明

———————————— 徐小平

　　我听到刘楠这个想法内心感到欢喜，说一定帮你写，而且一定"亲自"写。

　　因为，正是在跟刘楠出席的一次蜜芽商务活动中，我有幸和香港性感明星钟丽缇并排而坐，零距离接触，从而引爆了我个人传播史上最大的一次娱乐新闻。让我扎扎实实地消受了一次娱乐明星的滋味。现在回味起来，还想再来一次！

　　当然，这个小插曲只是我结识刘楠之后的一个意外收获。作为她的天使投资人，我最大的成就感来自我对刘楠作为创业家成长过程的见证和参与。一个投资人的收获当然主要应该是投资回报，但能够带来最佳投资回报的企业，一定也会

收获创始人和团队成长的喜悦。刘楠和她的蜜芽，就是这样一个经典
故事。

　　五年前，2013年5月，我接到一个从北大校友会秘书处打来的电话，
说有一个北大学妹通过他们找我，有事情向我"请教"。

　　这个女生，就是刘楠。这次见面，促成了蜜芽的诞生。

　　当时的刘楠，已经从北大毕业，在一家外企工作了好几年。因为女
儿诞生，作为母亲的她发现自己陷入了为宝贝女儿寻找安全可靠的婴儿
食品和用品的焦虑之中。情急之下，她踏上了自己寻找、点评、推荐甚
至售卖婴儿产品的漫漫征途。

　　最初刘楠只是用业余时间做做，但没想到她的焦虑与天下新任妈妈
们的焦虑产生了强烈共鸣。一时间她的微博聚集了几百万粉丝。这些粉
丝，都是跟刘楠一样年轻的妈妈，希望给自己的宝宝一个安全可靠、物
美价廉的消费环境。刘楠成了母婴消费领域的KOL（关键意见领袖），
不仅赢得了天下妈妈的心，也引起了产业巨头的注意。有一家公司，出
价几千万人民币要收购她的淘宝店，想买断刘楠的品牌。

　　听她讲完她的故事，我立即鼓励她不要卖公司，而是自己融资创业，
做一个母婴消费品的独立电商。

　　就这样，刘楠成了传说中"我二十分钟就拍板投资"的一个案例。其

实，虽然那是我第一次见刘楠，但我和刘楠的创业缘分可以说已经是命定的了：

一、刘楠的创业动机，是创业领域最深邃，或者请允许我用一个词——最"崇高"的一种动机。她不是看到别人的成功而跟风创业，也不是为了追逐名利而辞职经商（虽然创业成功不一定会名利双收），她只是出于神圣母爱的本能，为了女儿的健康和幸福，无意识地冲进了当时正在神州大地蓄势待发的创业大潮中。

二、刘楠见我之前，已经是一个拥有自己淘宝店的意见领袖。电商最难的挑战之一是流量，即获客能力。刘楠已经有很大的粉丝群体和丰富的在线商务经验。她的自有品牌已经很值钱。既然有产业资本想出资3000万收购她的品牌，那我们按照3000万估值来投资她，傻子也知道划算！

三、刘楠在北大新闻与传播学院攻读了六年，拿下了本科和硕士两个学位。她的写作才华天天在250万个粉丝那里妙笔生花；她的演示能力，在跟我对话时熠熠闪光，我知道那是她梦想的光芒。

刘楠就这样踏上了她的蜜芽之路。她精心准备，蓄势待发，在拿到天使投资后接近一年时间才让蜜芽上线。从此一路狂飙突进，迅速成为国内母婴电商龙头企业。在两年之内，相继得到红杉资本、老虎基金、百度资本的巨额投资。五年下来，蜜芽成长为一家价值百亿、给天下妈妈和婴儿带来无数幸福体验的公司。刘楠也以惊人的成长速度，当之无愧地进入了当代优秀创业者的群星榜。

创业者每天从事的，就是为了生存与发展而战斗。刘楠像一个女版堂吉诃德，穿戴上盔甲上阵，为了自己的梦想，为了蜜芽的未来，为了给天下母婴带来可信的商品，时时刻刻进行终极的搏斗，蜜芽也一次次经历着从小变大的痛苦洗礼。说创业维艰不假，但创业对人的成长和提升，才是创业带来的最大价值。种种危机和挑战，成为企业家刘楠成长的维生素，帮助她一步步抵达她梦想的目标。

2015 年，蜜芽上线才第二年，全国几家电商巨头点燃纸尿裤补贴大战的烽火。虽然蜜芽是这些巨头中最弱小的参战者，但几家大公司兵家必争的高地——人们要不就想灭了蜜芽，要不就想并购蜜芽。面对林立的枪手，刘楠毫不懦怯，而是奋勇迎战。这场战争的结果，迎来了诸多巨头对她的投资邀约。刘楠最终选择了百度，让公司上了一个更高的台阶。

记得当时的纸尿裤大战进入白热化之际，为了证明蜜芽的纸尿裤绝对正宗、源自日本，刘楠甚至请了媒体到宁波港，直播蜜芽给来自日本的集装箱开箱验货的过程。那次直播我也去了，在寒风中从集装箱里运出一箱箱纸尿裤。

我是通过这次活动才知道一个令人感到无语的事实：北上广深的消

费者最喜爱的纸尿裤，跟马桶盖一样，居然也是日本制造。这使我陷入深深的沉思——你说芯片是高科技不好赶超，马桶盖有科技含量也不易媲美，但造个质量相当的纸尿裤，应该不难吧？但为什么中国没有呢？

成人抢购日本马桶盖，婴儿喜爱日本纸尿裤，日本制造把中国人屁股上的事情，从婴儿到成人，都包了下来。中国制造，你要加油啊！

为爱创业的刘楠，在这个事情上当然比我更急。大战之后，她立志要做质量更好的自有品牌纸尿裤。经过精心研制，蜜芽自有品牌——兔头妈妈甄选的纸尿裤脱颖而出，一举成为蜜芽上最受母婴欢迎的纸尿裤，成为蜜芽单品销量最大的产品。一家新西兰超市负责人来蜜芽推销他们的产品，看到蜜芽纸尿裤后如此地喜欢，当场从卖家变成了买家，订购了一批发到新西兰。在花王故乡的日本超市，也将开始销售蜜芽的纸尿裤！这个用在婴儿 PP 上的产品，毫无疑问长了中国制造的脸。

为了请我写序言，也为了向我展示蜜芽的最新进展，刘楠带着自有品牌的纸尿裤来见我。当年我在加拿大全职带孩子时，除了采购婴儿食品，就是把纸尿裤一袋一袋往家里搬。看着如此优质的产品我爱不释手，甚至开始为蜜芽纸尿裤来得不是时候而惋惜：二十年前我的儿子们会天天用它，二十年后，我估计我也会常常买它。想到这里，我悄悄把刘楠带来的纸尿裤藏了起来——心想总有一天我会用得着啊！

刘楠的蜜芽已经走过了五年时间。这五年，刘楠和蜜芽一起成长，所有经历都是值得的。而同一时期中国创投环境的变化之大，更是令我这个创投老兵激动万分、无限神往。时至今日，虽然还有像当年刘楠那样遇到疑惑的创业者会通过各种途径来向我"请教"，但在他通往真格的路上，往往会被很多天使投资人用一捆捆的人民币拦截住。我还真遇到过那种来找我"请教"，我求着给钱却被他笑着拒绝的创业者——我花了时间，我觍着老脸，我捧着白花花的银子要投资他们却被悍然拒绝……创业者的时代，已经到来！

所以，我每天醒来最大的期待就是：一个男生，或女生，像刘楠那样，带着他的创业问题来找我，一番谈话后接受我一笔投资……然后，几年之后，一家价值百亿的公司诞生啦！

我祝贺刘楠的成功和好运，同时，呼唤下一位刘楠，以及更多刘楠的出现。

愿刘楠的新书大卖，给读者带来力量和启迪！

 # Part 1

一个妈妈的梦想：
权衡家庭与世界

Create the World You Want.

我希望生活在一个自己想要的世界里，
但是等不及别人来创造，
所以我就自己去做这个世界。

也许因为我是个急性子，
也许是骨子里那种敢想敢做的性格使然，
无论如何，
我感谢自己当初做了这样一个决定。

Create the World You Want.

我想生活在一个
自己想要的世界里

『 拿到投资对于我、对于蜜芽来说，究竟意味着什么呢？』

身为国内估值最高的母婴电商平台蜜芽的创始人和 CEO，我的身上，被贴满了标签，"北大学霸""百亿估值"，甚至是"霸道女总裁"……而媒体最常用的，是"从全职妈妈到独角兽 CEO"，当这两个元素被放在同一个标题里被人议论的时候，的确会显得戏剧冲突十足。但于我而言，这并不能概括我这些年来所经历的，仅仅是一个苍白的形象定位而已。它忽略了其中更为重要的艰苦的部分，还有那些我暗自庆幸，同时也常怀感恩之心对待的运气和时机的成分。那些标签也是我，但并非全部的、公允的我。

2002 年，我前往北大就读新闻与传播专业，完成本科加研究生的六年学业之后，去了一家外企工作。在外人看来，那份工作光鲜亮丽、"高端大气"，我却非常不快乐。当时我们公司有个项目叫作"CDP"，即 career develop program（职业生涯发展规划），实际上更像 career delayed program（职业延迟程序）。天天做 PPT、做汇报，一点成就感也没有，更严重的是，它开始给我一种深深的恐慌感。

当时因为刚毕业，我只能和别人合租房子住。即便如此，每天早晨醒来，我都会化一个精致的小妆，精心挑选衣服，踩着高跟鞋出门，然后去坐地铁。到了地铁口，在路边买一个煎饼馃子，狼吞虎咽地吃完，出了地铁，换上一副"精英"模样，昂首挺胸地走进长安俱乐部。在那里采访各个公司的 CEO，拿捏着精致易碎的高脚杯在人群中 social（社交）。每次出差，头等舱、五星级差旅，非标准五星级酒店不住，不到一年的时间，我便成了好几个航空公司、国际连锁酒店的金卡会员。

这种生活让我感觉不到真实，内心当中巨大的落差使我开始警惕。我感觉我在参与一些完全不属于自己的生活，就好像我的周围弥漫着彩色轻柔的漂亮泡沫，我看不清前路。更可怕的是，我居然觉得有点享受。忽然有一天，我心中的警铃大作，一下子就清醒了过来。

　　我决心踩破这些虚幻的彩色泡沫，脚踏实地去做自己真正喜欢的事情。

　　当时正好赶上我人生中非常重要的时期，结婚后我拥有了自己的女儿，不得不放下手中的工作，索性放弃了白领工作，成为了一名全职妈妈。很神奇的是，一旦脱离了那样的环境，加上有了孩子后，我忽然就感到没有从前的那种焦虑了，人生已经圆满，而我也正好可以开始实施我的创业梦。

　　很多人生了孩子当了妈妈后，会有一种天然的"焦虑感"，我也一样，生怕孩子受到一点伤害，接触到一点不好的东西。初为人母的兴奋和责任感使然，我到处研究怎么才能给孩子买到最好的产品，所以我开始去研究市面上所有的母婴产品。我是个特别较真的人，有时候也会开启"学霸"模式，拿出做研究生毕业论文的劲儿来。之前看到一款产品，说不含 BPA[①]，非常安全。带着求证的态度，我直接在网上找到该品牌的美国官网邮箱，给对方发邮件问："怎么能够证明你们的产品真的不含有任何有毒物？"好多产品资料我都会用电子表格整理、区分，我把我所有"较真"后的成果都分享给妈妈们。慢慢地，我的分享和买货心得开始在妈妈圈子里受到追捧，许多妈妈非常

---

① 一种有机化工原料，有毒性，会伤害肝功能和肾功能。

信任我的建议和推荐，于是我萌生了做母婴产品这个想法，家里的客厅成为了我创业初期的第一间"办公室"和库房。

在这期间，所有的事情都是我自己一个人来完成的，多亏了父母帮助我照顾孩子，我才有时间去做自己想做的事情，但爸爸妈妈见到我搬货、发货的场景，觉得非常心酸和不解。他们不明白我一个当年高考全省前三名、北大毕业的研究生怎么就混成了个全职妈妈，还在家里搬箱子做苦力，根本就是浪费国家教育资源啊。

然而我没有办法和我的父母解释，那个时候实际上我是非常快乐和充实的。我在做我喜欢的事情，并因此内心无比充盈。慢慢地，我的店铺生意越来越好，两年之后已经卖到了 3000 万的销售额。那时候有人想要花钱收购我的淘宝店，因此，我不得不再次面临选择。

当时想想，我并没有尽全力去做这件事情，只是把它当成找寻自我的工具和手段，那么如果在接下来的时间里，我真的把它当成一个非常商业化的事情去做，会产生怎样的结果呢？我陷入了迷茫和思考。

对于突然有人找到我，说想要收购我的淘宝店这件事，我当时感到很奇怪，卖个纸尿裤怎么还有人要买我的店呢？同时我也开始考虑，究竟是该卖掉我的店，还是把这家店做大做强，变成我的一份事业。

于是我通过北大校友会秘书处要到了青年导师徐小平的电话，左思右想之下给他发了一条精心编辑、充满了戏剧性的短信："徐老师您好，我是一名北大的毕业生，但我现在在开淘宝店。我的销售额已经突破了3000万，但我非常不快乐。我听说您是青年的心灵导师，我是一位陷入心灵困惑的青年，您有时间开导一下我吗？"

在短信里，我尽可能地在说明我的情况之余，制造冲突感，好让徐老师能够对我的事情感兴趣。令我没想到的是，两分钟之后徐老师的电话就打过来了，约我去他的私人会所面谈。

那天下午我记得特别清楚，我和徐小平老师谈了整整三个小时，徐老师基本上没有说话，只有我自己在那里不停地讲，讲我的经历、我的选择，我为什么离开外企选择"卖纸尿裤"这样一条连我父母都不理解的道路。

聊完徐老师说："这样吧，公司你也别卖了，我投资给你，你把蜜芽做大。"

说实话，那个时候听完徐小平老师的话以后，我完全是蒙的状态，我怎么就把当初的一个小想法真正变成几千万的项目了呢？拿到投资对于我、对于蜜芽来说，究竟意味着什么呢？后来徐老师告诉我，投资给我并不是因为我的产品做得有多好，而是他在我身上看到了一种母情、一种母爱。

徐老师给了我助力，也就是从那个下午开始，我正儿八经地做起了蜜芽，同时开启了艰苦的创业之路。目前蜜芽已经发展成为一家1000人的公司，市值估价突破百亿。现在想来，创业对于我来说，其实是一种生活方式。我希望生活在一个自己想要的世界里，但是等不及别人来创造，所以我就自己去做这个世界。也许因为我是个急性子，也许是骨子里那种敢想敢做的性格使然，无论如何，我感谢自己当初做了这样一个决定。

创业是一份很孤独的工作，当你的思维里只有报表、项目时，其实你会很希望能有机会扎进人堆里，感受到生而为人的情感。而这件事情的矛盾点在于，我其实是披着铠甲在作战。我从来不看宫斗剧，因为商场里的斗争远远要比宫斗精彩，有些时候，它甚至是一部"谍战片"——自己的公司里隐藏着竞争对手的卧底。

铠甲不是别人给的。当你以赤诚肉身面对每一个人，经历这世间所有的艰辛和磨难，在遇见恶的时候，这恶重重地刺伤你，让你痛苦，但是痛过之后，你会发现，你已长出铠甲，从此所向披靡。同男性 CEO 一样，我也在以肉身搏斗，一路披荆斩棘，但外界关心的，永远是"全职妈妈创业""女性 CEO"这样的问题。

之前我参加了一个商会论坛，跟另外几位很著名的男性 CEO 在同一个平台上接受采访，前面记者问男性 CEO 的问题都是"你们是如何做用户增长的""你们是怎样去做利润的"，到我这里就变成了"你怎样平衡工作与生活"。

一路走来，有些媒体用我的故事来激励全职妈妈群体，也有些人将我树立成女性独立创业的典型，其实大可不必这样想。我历来的观点是，人与人之间的差别要远远大于性别之间的不同。未来有一天，人们会更关注事情本身，而不是性别。

无论外界给我们贴上怎样的标签，为我们的能力划定怎样的界限，重要的是，身为女性的我们，要遵从内心的选择，去做自己真正想做的事，成为想要成为的那个人，生活在自己想要的世界。有句话叫"脚踩在淤泥里，但心要向光明"，愿你永葆初心，沉稳、坚定地走下去。

02

确立自己
与世界的相处法则

『一个拥有自由的女人，更容易快乐，也容易感知幸福。』

2016 年春天，我获得了一个特殊奖项，叫新锐木兰奖，光听听名字，估计你也能猜出这是什么奖。新锐木兰奖是 2009 年由《中国企业家》杂志创立的，对中国商界女性综合影响力进行评选，比如所在行业的影响力，企业的领导力，对事业与家庭、生意与生活、内在与外在等各方面的平衡力，在男性主导商业环境下的突破力，还有魅力。要评比魅力的话，我个人还有些信心，但是要说到平衡力，则实在愧对这个奖项。常常有人问我，女性创业后如何平衡家庭和创业的关系，我不会像其他人一样一下子支出十几个平衡家庭与创业的高招，我只能坦诚地说，很抱歉，这个完全平衡不了。因为一位女性一旦选择了创业，不论她愿不愿意，一定是有所牺牲的，分配给家庭的时间与精力和分配给事业的时间与精力，肯定不会真正平衡。

　　创业以来我的时间 80% 给了蜜芽，只有 20% 给了家庭。曾经有一个周末我问我的小女儿，在她心里最喜欢的家人中妈妈排在第几位，小家伙靠在我怀里伸出小手认认真真排了一排：爸爸，姑姑，外婆，奶奶，小猪佩奇，妈妈。

　　没错，我竟然排在她的小玩具后面，当时听到这个答案后特别伤心，本来笑着的脸僵了半天，那种感觉就像平白无故在大晴天突然遇到了暴雨，有一朵云在我的头顶下起了雨。我也知道自己肯定不会排在第一位，但没想到的是就连小猪佩奇我都没比过。

　　我也曾为此痛苦过，愧疚过，女儿半夜醒来陪着她的不是妈妈，带她在公园里玩耍的不是妈妈，喂她吃饭次数最多的人不是妈妈……我感到自己对家庭付出得太少了。经过许久的挣扎、自我抱怨之后，我开始跟自己对话，问自己内心深处到底想做一个合格的妈妈，还是做一个合格的创业者。后来我就想通了这件事情，觉得完全没有必要去纠结，因为一个女人首先是需要作为一个人而活，而后才是担任母亲的角色，于是也就坦然接受了排名老六的现实。所以我特别反感别人说，刘楠，你真是一个很厉害的成功女性，你拥有怎么样完美的生活。事实上，我觉得我的生活一点都不完美，我放弃了很多东西才拥有了现在的生活，没有时间锻炼，没有时间陪家人，这些都是工作带给我的遗憾。

我认识一位公司的联合创始人，她出生于小康之家，爸爸是位县城医生，母亲是个高中英语教师，在我们眼中她生得极其漂亮，加之名校毕业，刚进入大学就有不少追随者，研究生一毕业便嫁入了真正的豪门。她的婆婆和公公各自有自己的公司，婆婆的公司有100多人，虽然人不多，但每年纯盈利可以达到2000多万。公公的公司有近500人，每年纯盈利也是近亿元。她的丈夫经营了一间小型室内装修设计工作室，其他家庭成员也多多少少经商。比如小姑子在澳大利亚拥有一个大型农场，把农场自产的奶制品根据内蒙古奶酪的做法自创了品牌。

在这种创业家庭环境影响下，从来都不甘落后的她也跃跃欲试想创业。对于她来说，创业是件很简单的事情，只要开个家庭会议便可以开一家公司。于是在一次晚饭结束后，她便拿到了家庭投资的几百万启动资金，联合几位姐妹开了一家卖高端茶的公司。

一开始利用人脉和有效推广，创业势头很猛，也挣了不少钱，但半年后她生完孩子，一切都变了。女人生孩子前和生孩子后，价值观往往会发生剧变，就像我生完女儿，整个人都被这个小小的生物给软化了。这位朋友生完儿子后，也把全部精力放到了孩子身上。她当时坚持一个原则：无论如何都不要加班，按时回家陪伴孩子，晚上不加班，周六、周日不加班，额外的会议不参加，只要是休息日，公司再重要的活动她也不参加。一开始合伙人觉得这也无妨吧。可是没过几个月，公司里其他高管开始抱怨，因为她的不参与，很多需要及时批复的决策得不到回应，业务对接部门怨声载道，由于她的地位，场面一度很尴尬，又过了几个月，公司接到的订单少了五分之四，后来就宣布倒闭了。她很爱她的家庭和孩子，但创业需要你付出 100% 的时间和精力，"工作与家庭兼顾"对于一个女性创业者来说是很啼笑皆非的问题，因为无人能兼顾，你总要牺牲一方来获取另一方的成就。

但是对于女性来讲，兼顾工作与家庭好像又是我们身上天然背负的一个枷锁。如果我们没有兼顾，我们内心就会有愧疚感，这种愧疚心理折磨着自己不说，它还起不了任何正面的作用，只会让教育变质，你觉得对不起他，平时没有陪伴他，因此便会什么事情都顺着孩子的性子，想要什么就买什么，愧疚感会使你对孩子的爱变成了宠溺。我们很容易被社会上的想法所绑架，你要照顾好家庭，你要锻炼身体，你要做一个好孩子，孝顺老人，等等，但实际上这并不现实。

　　一位女性在生活中要扮演很多角色，丈夫的妻子，公婆的儿媳，母亲的女儿，孩子的妈妈。而创业女性的角色就更多了，企业的领导，投资人的伙伴，会议桌上的谈判者，等等。无论哪个具体的角色，完全投入只做一个角色，女人到最后势必失去自我，而十全十美地在各个角色中做到平衡也是不可能的事情。与竭力维持每个角色的平衡相比，自由独立地成为自己更为重要，你要清楚你想要什么，想成为什么样的人。比如，我觉得母职虽然是女人生活中重要的一部分，但并不是全部，女性需要超越家庭关系的束缚去追求自我成长与自我实现，不应该把自己的一生寄托于家庭与婚姻。现实中，当下的中国仍处于男权文化体制下，整个社会的价值观要求一个女人必须把自己完全奉献给家庭，把原本能发挥更多创造力的生命交给锅碗瓢盆，交给"奉献自我"。我觉得大多数中国的女性一辈子都被困在那里，她们不敢打破这个文化体制去追求自由，但新女性对于自由的追求太重要了。

　　我的父母都是大学教授，他们对我的要求不是高，而是按照自己未完成的梦想去设定对我的期望。比如我妈妈特别期待我留在大学里面，这是她的安全区域，她觉得这对女孩子来说是很稳定的选择，对于我去企业工作就表示不能理解。而当我一边工作还一边开婚纱店的时候，她就更不理解了，更别提我从企业辞职，怀孕，开淘宝店，卖纸尿裤，创业，这一长串的经历，她都不理解。

记得有一次已经断货几天的纸尿裤到货了，送货司机因家中有事来不及立刻送到仓库，我当时特别着急，怕影响顾客需求，就让司机把货先送到我家里，然后自己把几十箱纸尿裤一箱箱扛到了客厅里，那时候我爸妈恰好在家里帮忙带我的女儿，他们看到了特别心疼，就对我唠叨："你说你，北大硕士毕业，在外企干得好好的，为什么非要做生意，还把自己折腾得这么灰头土脸，家里又不缺你挣的那份钱。"

可能因为大家都是成年人，已经过了我创业一定要让他们支持的地步，我想好了就会去做，但是我希望他们能够感到开心，不希望他们因为我创业而感到羞愧，更不想因为我做自己喜欢的事情吃点苦，让他们心头疼。所以我就跟爸妈说，这是我喜欢做的事情，哪怕我是一个不知名的小老板，但我从来没有比现在更开心，你们不要为我焦虑。

我妈对于我"奇葩"的做法虽然都不太理解，但她真的非常爱我，现在她会自己在网上搜我最近在干吗，把关于我的报道发到我们的微信家庭群里面，我能在许多方面体会到她对我的爱和试图逐渐理解我的那份心情。

法国 17 世纪天才哲学家帕斯卡曾经说过：

"把握现在：我们完全是被过去和未来占据着，我们从没有真正生活过，我们在希望里生活，我们准备着幸福……"

一个拥有自由的女人，更容易快乐，也容易感知幸福。她从来都不会活在别人给她界定的角色里，她肯定会从别人给她界定的自我社会中闯出来，从"一个女人应该怎样怎样"中解放出来，重视自己内心的声音胜过重视别人的眼光，越过阻碍，去做自己真心喜欢的事情。

法国人的精神中有三大支柱：自由，平等，博爱。其中"自由"被摆在了首位，就连当初送给美国庆祝独立 100 周年的礼物，法国人都选择了自由女神像。

这也是我想给女儿做的榜样，我不想让下一代的孩子再承担任何压力，面对父母的任何期望，我希望从我的孩子出生那一刻开始，她的人生便是没有任何负担的，宛如羽毛，只做自由的自己就够了。

全职妈妈是一种选择，拒绝焦虑与悲壮

0
3

『只要一个人活得足够精彩，就能创造出属于他的品牌。』

前段时间，有一篇标题叫《每一个职场妈妈，都欠孩子一句对不起》的文章在朋友圈疯狂转发，以至于大晚上我终于可以闲下来以"葛优躺"刷朋友圈时，刷了几屏，还能看到它的影子，而且几乎每个转发的妈妈都配上一长段文字深深反思自己做得多么多么不好，愧对了孩子，发誓今后一定要重新做个好妈妈。

秉承着一切极端论断都是无良鸡汤的标准，当下一个女人生了娃成为妈妈后，很容易就会被这些毒鸡汤打上职场妈妈或全职妈妈的标签：如果你是一位职场妈妈吧，它煽动你的爱子情深，让你觉得自己没有陪孩子足够多的时间，不能时时刻刻陪在孩子身边的妈妈，一定就是对不起孩子的不合格的妈妈；另一个极端论断，则将炮筒对准了全职妈妈，它炮轰你成为一名全职妈妈就是自我放弃，对不起自己。

横竖，女人生完孩子选择哪一方都是错。

你有没有想过，事实并不是如此，虽然刚生完孩子那段时间，大多数女性确实处在往职场走还是往家庭走的两难状态，但每位妈妈在做出决定之前肯定是经过深思熟虑的，就像《奇葩说》里马薇薇曾说的：难做的决定是两个都不太好的决定中，你选了一个自己相对能承担的。经济条件差一点的家庭，老公一个人的收入很难撑起一个家，作为妻子必须工作；家庭条件优越些，但由于仍然喜欢职场的节奏，所以选择继续步入职场打拼；不想走进压力山大的工作环境，安心于做一位全职主妇，陪陪孩子，做饭洗衣服买菜，家庭主妇即是理想选择。

职场妈妈也好，全职妈妈也好，每一个选择都曾是自己综合了各个因素，做出的合理选择。一个真正具有独立成熟人格的妈妈，她总晓得为自己的选择买单，安心、不抱怨、不愧疚，能在所处之地扎根生花，爱自己每一个真心诚实的瞬间。而不是像那篇挣广告费的文章里所说，自己做了选择之后再去抱怨埋怨，甚至幼稚得骂自己浑蛋。

那为什么咪蒙那篇文章还会刷屏了？因为它恰恰迎合了妈妈们这种"无论做什么选择都会抱怨"的特质。相比于职场妈妈，全职妈妈的怨气更重。如果她再写一篇"全职妈妈，都该对自己说一声对不起"，肯定更是无数人追捧。

我觉得好多女性总把自己摆在一个牺牲者和奉献者的角色中，她做了任何事情都会抱怨，最经典的话就是"我为你们所有人服务、牺牲，你们竟然不知道感恩"，她用这一论断控制了整个家庭，非常可怕。

"孩子，妈妈为你牺牲了一切，你将来要好好孝顺妈妈，要有出息。"

"老公，我把自己的时间都给了这个家，你不能背叛我，要是那样我就什么都没有了。"

"我什么都做了，婆婆还是欺负到我头上，这个家到底谁说了算？"

这可能是中国几千年来沿袭下来的家庭传统，中国人很习惯以亲情来绑架自己的家人，以爱的名义，实行亲情绑架，奉献绑架，因为付出了自己，她会觉得老公欠她的，全家人都欠她的，全世界都欠她的，这是一个很恐怖的状态。如果你正处于这种抱怨的状态，请速速清醒过来。

　　首先你做的任何决定都应该是你个人成熟的决定，既然做了这么一个决定，就没有任何人欠你。家庭里的规则就是：如果你干了，那就是你真的愿意干；如果你真的不愿意干，那就别干。千万不要凭着你干了一件事，而要求别人去干另外一件事作为报答。当然，这些决定需要和家人充分沟通，相信最终他们会支持你。

　　选择做一名全职妈妈也是如此，你做了全职妈妈，是因为你现在真的需要做全职妈妈。为什么一些全职妈妈喜欢抱怨？是因为她最终没有办法为自己的决定负责，她不认为她的决定是她的决定，而认为"做全职妈妈"的决定是全家人的决定。其实不然，就算你做全职妈妈是为了照顾整个家庭，这个决定是一个家庭的决定，但它归根结底却是个人的选择，个人既然"做了"和"接受了"这个选择，那就去做好。在我们的大社会环境，人们只说全职妈妈心里有苦，但其实全职妈妈的生活并不都是苦。全职妈妈这一选择有好有坏，你多了陪伴孩子的时间，多了在家庭的闲暇和心灵放松时间，不用到职场去撕扯谈判，不用再去面对许多环境和职场的险恶。

　　但是这个选择肯定也有不好的方面，全世界没有一个决定只有好的结果，如果一个决定的结果全是好的，还要做什么决定，所有人都扑上去了。现实一点，睁开眼睛去看看更长远的地方，也接受每个决定中让你痛苦的部分，没有人能拒绝不好的部分，但是有人选择不去抱怨。不抱怨的人，往往也会让快乐成为自己行为的底线，拥有珍惜快乐的能力。如果感到不快乐，就撤出来，再换个选择让自己快乐起来，要知道快乐开心的人会招来好运气。妈妈的心态一旦摆正了，看清楚了现实，就很容易消除掉内心的焦虑和抱怨，然后再去做全职妈妈会开心很多。

我认识一位全职妈妈，"从业"前曾是某家庭刊物的主编，她每次参加聚餐都打扮得像个少女，真实年纪 40 多岁，但看起来像 20 岁出头一样，完全看不出来她已经是两个女孩的妈妈了。各式各样的帽子数百个，蕾丝边的裙子，颜色鲜艳的鞋子，她的帽子裙子首饰占了家里整整三大衣柜，时不时就在朋友圈里搞个断舍离 99 元大甩卖活动，旧的流通，新的进来。她是全职妈妈，但她很忙，她除了接孩子上下学做饭之外，还忙着画画、写书、带娃旅行，给自己买三个月以后就要倒手的新衣服。你永远都不会听到她在抱怨，反而我们很多朋友遇到了堵心的事情都找她倾诉，她也总能给出宽心得体的意见。最近我看到她又在自学服装设计，现在她的两个小女儿穿的背带裤、方格裙、日式毛衣，都是她自己制作的，还有很多朋友在她朋友圈留言，要求给自己孩子定制。

有些人只看到全职妈妈抱怨的苦，做饭，洗衣服，脱离了社会，失去了自我价值，全职妈妈等于变丑、变老、丈夫出轨。前段时间《我的前半生》特别火，曾经美丽的罗子君，在家做了几年全职太太，却被一个平凡女人夺走丈夫，这使得罗子君不得不坚强，重新走上社会去拥有自己的事业，变得美丽，最终遇到了一个更值得爱的男人。

据公开调查数据显示：有50.16%的离婚是由于第三者插足，对方出轨是产生离婚想法的首要因素。但是，有一点我们是否想到过——如果男方产生了想要出轨的念头，根本原因只是配偶变成了全职妈妈吗？只能说全职妈妈一旦遭遇老公出轨，该如何生存是一个难题。"30多岁的全职妈妈被离婚了，老公出轨，她没工作还得带孩子，重新出去找工作也没人要，不工作怎么养孩子养自己？"这种事情在现实生活中屡屡发生，残酷的现实赤裸裸地摆在眼前。从这个角度来说，全职妈妈的确是"高危"职业。在《我的前半生》的影响下，最近这段时间全职妈妈们的安全感几乎陷入低谷，有很多朋友来聊天说，自己在家没有收入，特别地不踏实，问我该怎么办。

怎么说呢，工作收入，从某种意义上来说是提高安全感的一个因素，但对于是否要全职，我却认为是因人而异的。每家情况都不一样，没办法给出标准答案。如果我们在家已然是困境重重，家人不理解，自己不开心，而且无法从家庭土壤中汲取到更有用的养分，那么出去找工作，未尝不是解决办法。当我们拥有独立的经济能力，就可以随心地为自己为孩子买买买，而非每个月手心向上地要钱，心生愧疚地砍掉自己的置装费，在黄脸婆的路上一去不复返。一个朝气蓬勃的妈妈，势必会比困顿纠结的妈妈更能给自己，也给孩子安全感。

我身边也有这样的例子：同事因为生娃辞职回家做了两年的全职妈妈，大家印象中聪明伶俐的女孩子，慢慢变成了朋友圈里每天抱怨生活的家庭妇女——从最初的孩子哭闹、睡不好觉到婆婆难相处、老公嫌弃自己花钱大手大脚。后来我跟她说，你还是回来工作吧。我给你留个位子，你要是能在两个月之内重新把当初的自己找回来，我就可以继续留下你。她最开始还犹豫，我工作了，孩子那么小怎么办呢？家里谁做饭？老公会不会不支持？家里会不会反对……我摇摇头，说那你想想吧。最后，那个女孩子痛定思痛，最终还是决定出来工作了。在我的团队里不到半个月的时间，再看她的朋友圈就已经能够感受到她整个人的气象一新，那是灵魂重新恢复了活力的样子。不光如此，从前因为新生儿而变得不融洽的家庭关系，也因为她自身的改变而越来越顺滑，和家人关系也变得更好了。如果我们有强大的内心、独立的灵魂，更有家人的支持理解，那么又何必因为全职而患得患失呢？

有一位曾在外企打拼过的全职妈妈朋友，为了她先生的工作辗转世界各地。她跟我说，看到所谓"全职妈妈都是靠老公，不独立，没办法掌握自己的人生，活该被小三"等论调，就觉得特别可笑，而且那是一个完全中国式的论调。如果有机会，她也希望在自己的事业上开拓一片疆土，但如果需要牺牲事业来照顾家庭、教育子女，她认为也没有任何不妥，不过就是换个地方发光发热。

我对于她有勇气在不同情况下做不同的选择，更敢于承担不同选择所带来的风险，由衷点赞。《奇葩说》有一期的节目就讨论过这个问题——高学历女生做全职太太是不是浪费？台湾艺人寇乃馨的一番话真是大快人心，大概是说：高学历女生做全职太太是浪费吗？对吗？那你们到底认为什么样的女生可以做全职太太啊！是低学历的吗？是没有念书的吗？不学习的吗？是没有能力的才做全职太太吗？……一个好的全职太太，不只是要顾柴米油盐酱醋茶，她还要成为男人的心灵支柱和全家人的黏合剂：孩子吵架，她要负责排解；孩子和他的父亲关系不太好，她要做中间的桥梁。试问这样的工作，没能力的人怎么做得到?

　　的确,我身边有不少全职妈妈就是这样,带娃的同时也都努力给自己别样的生活。比如,之前曾是报社资深记者的朋友现在做起了自由撰稿人,有个喜欢给宝宝拍照的闺密当起了兼职妈妈摄影师,而我们的一个女同事因为喜欢买买买和分享带娃的经验做了公众号,照样也是吸粉无数,做得风生水起。

　　为什么全职太太就不能拥有自己的魅力呢?为什么必须走上社会才能变得漂亮呢?漂亮不该是女人每天必须做的事情吗?即便是全职太太,也可以是光彩照人、充满魅力的全职太太啊,为什么容易和社会脱轨?相比而言,我觉得上班族更容易走进一个与世隔绝的状态,北上广许多上班族都是三点一线,住处、公司、地铁,除了公司部门内熟悉的一些同事,谁都不认识。

　　接触社会和脱离社会的本质还是由个人的性格和对自己的要求所决定的,而不是用有没有一份工作去衡量。我们应该自信一点,即便没有工作,也可以通过各种途径接触社会,特别是在这个创业被恩赐的互联网时代,全民社交已经成为可能,品牌属于单一的个人,只要一个人活得足够精彩,就能创造出属于他的品牌。这就如微信宣传的："再小的个体也有自己的品牌。"

我特别喜欢一个叫李子柒的超级网红。她原来是一个生活在大都市里的姑娘，后来回到大山里，跟自己的奶奶在一起，她把山里面砍柴、捞鱼、做排骨、酿酒、做汉朝胭脂的过程全部拍成视频了，然后她成为"古风美食第一人"，她的每条微博下面几乎都有成万条评论，影响力赶上了一个小有名气的明星。你说，李子柒的行为叫脱离社会还是接触社会呢？

互联网让整个世界变小了，全民社交时代更是给了每个人进入社会的不同姿势和路径，想接触社会简直太方便了。如果你在这个时代都没有办法做一个不脱离社会的人，那你真的注定是一个反社会的人，你都不要求自己接触社会。每天窝在沙发里在 QQ 群里卖闲置二手东西，都算是接触社会。所以绝对不可能因为做全职妈妈就脱离了社会，反而是全职妈妈还有一个好处，就是别人花时间做单一性质的工作时，全职妈妈则处于一个开放的空间，个人能干的事太多太多：比如你喜欢整理家务，可以把叠衣服的方法画下来，拍成视频，做一个家务整理术达人，像日本关于整理术书籍的作者近藤麻理惠；如果你很擅长照顾小孩，也可以把照顾小孩的心得写下来，开个母婴教育的公众号，成为一个育儿达人，像年糕妈妈；如果你是一位美食家，很喜欢做饭，也可以录成短视频，给更多妈妈分享独特的月子餐；爱招呼人买东西，你可以天天开团购赚钱；即便你什么都不会，只会穿衣服打扮臭美，也可以成为一个美妆达人。太多太多方法了。所以说，如果一个女人看上去很美，或者事业很成功，或者天天逛街交友聚会，或者和孩子腻在一起，她必然要牺牲掉其他某些部分。牺牲哪些，见仁见智，都是个人选择。选了，就不要后悔，这就是做最好的自己。

在未来，人们不会把工作看得那么重要。第一次工业革命带来了蒸汽时代，把从事农业的人挤压出 70%，推着整个社会直接进入到了第二次产业；到了第三次科技革命之后，又直接把工厂的工人挤压出 70%，进入到了第三个产业。那下一个时代呢？第三产业是现在大家对着电脑待在办公室里上班，下一个时代是无人零售，无人机，无人配送，连整个第三产业都不需要人了，现在就相当于农业不需要人了，工业不需要人了，以后连服务业都不需要人了，人干什么去了呢？仔细想一下这个问题，人去创造他自己了。

未来的人不再需要像公司这样的集体法人组织，个人在家里，在野外，在田地里，也能工作挣钱，关键是你有没有将自己的工作从"卑微的没有想象力的工作"，变成"发挥个人想象力、自我个性的工作"。

　　科技的发展推着人类进入人工智能时代，这个时代会让人类实现最终诗意栖息的梦想，用各种社交网络完成自己社会人的使命。有句话说得很有意思：好看的皮囊千篇一律，有趣的灵魂万里挑一。只要你是有趣的，只要你自己活得足够精彩，在哪里都会熠熠生辉。

人生有无数种活法，
记得把注下到自己身上

『输赢的荣辱感，才让自己找回"棋是自己的"这个真相。』

　　小区附近经常有老人聚伙下棋，虽然总说"观棋不语真君子"，但好玩的是，每次我和女儿路过时，总会看到七八个围观者在叽叽喳喳地帮忙指导。

　　"走卒啊！"
　　"跳马，跳马！"

　　有一次女儿停下来围观，我也跟着瞧了几眼，发现被一群人围着下棋的老先生也很有趣，他竟然在等着身后意见不一的军师团给支着儿，女儿问我老爷爷们在干什么，我支支吾吾说："下棋。"

但是心里却嘀咕着：这也叫下棋？

人生也如下棋，走完一步都需要决定如何走下一步，但现实中许多人把这个决定权让给了别人，每一步都希望从他人那里听取意见，就像我们小区那位等着军师团支着儿的老先生。他们往往忘了这盘棋其实是属于自己的，仿佛因为采用的是别人的意见和决定，自己就不用再为自己人生的成败与否、自由与否负责了。大多数人不亲自动脑子，好好去走人生这盘棋，直到走到最后，棋成了死棋，后面吱吱哇哇的军师团都不吱声了，才惊呼"哎呀，死了死了，我这盘棋是要输了"。输赢的荣辱感，才让自己找回"棋是自己的"这个真相。

有时候我不太明白为什么那么多人把人生下注的权利让给别人，这个问题我也和创业的朋友们讨论过。最后得出的结论是，一个人如果不喜欢对自己的人生亲自做决定，大多因为三个原因：

一是懒；

二是怯；

三是不自信。

人生担责任才好玩，如果只做一个被领导者，失去了给人生下注的权利，就成了一个被别人意愿控制的人偶，虽然不用体验做决定时的挣扎，但是同样体验不到做决定时的乐趣。

从小到大，我喜欢在游戏规则之外另创一些规则，做决定，做决策，这些能主导游戏输赢的环节，我从来不会轻易让给别人。

记忆中比较深刻的一件事是还在西安念中学时，我们学校每年都会组织大合唱比赛，高二那年的大合唱比赛，学校规定的曲目是国歌，各班级可以再自由选取一个参赛曲目。接到通知要求后，作为班长的我就开始想怎么能让班级获胜。首先得知己知彼吧，于是开始打探其他班级的情况，发现别的班级的第二首都选了《洪湖水浪打浪》《打靶归来》这些革命歌曲。虽然学校要求第一首必须唱国歌，但是并没有限制第二首的选曲范围，大家的思维大多局限在自己设定的圈圈里，自然而然就选了红歌。

我琢磨了又琢磨，决定反其道而行之，国歌唱完后下一首歌一定要强对比，让整个场面欢乐起来，留给观众一个超嗨的印象，这样才能异中取胜。怎么实现这个反差呢？想了又想，最后决定唱《大风车》，对，就是小时候每天晚上6点钟准时等待的动画节目的主题曲《大风车》。没有哪首歌能比这首歌更容易引起同学们的共鸣，也没有哪首歌比这首歌更适合少年人来唱。

这个决定一做出来，我就跟班里的骨干开会，说这次合唱要玩点酷的，大家一听很兴奋，争先抢后问："怎么个酷法？"

"唱《大风车》。"

班里的同学觉得好玩，就赞成了。剩下的由我来负责说服老师，我跑到办公室跟班主任说："老师，这次合唱我们想拿第一。"

老师一听："那敢情好啊，但是第一可不那么好得。"

我把如何如何来操作讲给班主任听，他觉得我们的想法和准备都很全面，说可以，你们放手去做吧。结果那次大合唱，我们班唱完精神昂扬的《义勇军进行曲》之后，排了一个特别活泼可爱的阵仗，唱了一首被改编过的超嗨的《大风车》，台下瞬间轰动了，掌声不断，很多人捧腹大笑，我们班轻轻松松赢得了第一。

那次合唱让我明白，一旦决策做出来之后，如果你知道它能让你赢，那就突破重重困难去争取，争取团队里的其他成员，争取说服你的领导者，争取把整个决策踏踏实实落实下来。

几年时间，蜜芽从十几个人的小公司发展到 1000 人的企业，每天需要做无数个决定，可以说一天要做以前一年的决定，一年做 5000 多个决定。每个决定都牵扯到许多金钱方面的投资，数字光听起来就很刺激，决定被实施后会有一大串精彩的结果跟着过来，无论好坏，作为决策人的我都得去承担下来。我个人很享受这个过程，刺激、挣扎，有失望，也有希望和盼望。所以怕做决策的人，千万别创业，创业之后天天需要你做惊心动魄的决定，还要在企业发展壮大后，学会如何放手，把决策权交给别人。

很多人在决策这件事上面学不会放手，日常生活中我们也常常碰到这种人，比如朋友问你晚上吃什么，你说吃烧烤吧，征询你建议的人会咂巴咂巴嘴说，烧烤啊，烧烤好热啊……脾气好的人会再提出一个意见，要不去吃火锅？火锅啊，火锅昨天刚吃了，弄到最后大家都烦了，反驳一句，那你来决定啊。那些自己不做决策，还嫌弃别人的决策不好的人，才是最该反对的。

选择了一家餐馆，好吃也要吃，不好吃就记住教训，下次不在选择范围之内了。但是做决策本身是没有什么可以抱怨的，两种人生都可以很快乐，最不快乐的是中间那种自己不做决策，还不停抱怨的人。做决策的人会一直善于做决策。放到企业运营中，关于 App 页面新功能这个决策我不做，让给部门高管去做，那他一旦做了决策，我一定会支持，不可能一个人做公司所有的决策，一定要学会分权，让管理层和高层帮你做决策。创业的过程中不但需要你拥有做决策的能力，也需要你有支持别人做决策的能力。做决策这件事情，不光考验一个创业者的决策能力，还考验他的风险承担魄力、执行力和领导力。

人生就是个困局，前半生被环境影响，被所处的教育、父母的希望影响，你不清楚自己的选择到底是什么，但总有一天会需要你亲自为自己的人生做决定。走到那一个时刻，千万不要失去对自己的人生下注的权利，你可以失去一个订单，失去一些钱，失去让你觉得痛心的东西，但绝不要失去下注的权利，而且下注的机会越多越好，因为下注的机会越多，自己掌握人生走向的机会就越大。否则只能停滞不前，或者随波逐流。

新闻上会时不时报道诸如北大、清华高才生"回家养猪""在西单开煎饼铺子""卖臭豆腐"这样的新闻，有些人看到这样的新闻会觉得这些人岂不是北大、清华都白念了，但我认为恰恰是这些人证明了北大、清华教育的真正价值，没有人想过他们做这些决定背后经过了怎样的挣扎，拥有怎样的勇气才能脱掉那层属于北大、清华的光环，迎着众人鄙视的眼光，去为自己的人生做选择。

无论结果成败，他们赢得了我的尊重。而有些人一辈子都没有在自己身上下过注，命运带给他的好运或坏运，他全盘接受并且从未反抗过，另一些人则不用下注，生下来就大富大贵，一副好牌，从来都不用担心金钱和未来，在出生前爹妈就帮他赢得了人生，只能说他这一辈子都没下注的机会。

据传金腰带拳王梅威瑟在与麦格雷戈对阵时，比赛之前在T-Mobile Arena上投下 500 万美元的赌注，赌自己击败麦格雷戈。后来一名记者问麦格雷戈是否会赌自己击败梅威瑟，如果赌的话会下注多少。

麦格雷戈说："也许会，我不知道。我的意思是，我当然知道我会赢。但我认为梅威瑟的赌博习惯很不好。所以，我关注的是战斗，而不是赌博。"

那场对阵可谓非常精彩，但是比起结果来，我觉得梅威瑟和麦格雷戈都同样是将赌注下在了自己身上的人。只不过一个是用金钱的形式表现了出来，而另一个是在内心中已然坚定了赢得胜利的信心。人一辈子有许多活法和过法，你要随波逐流，还是要饱满热烈，随波逐流要对自己的放任所获得的最终结果负责，而饱满热烈则需要接受困难和痛苦迎头而上，一旦突破了这层困难和痛苦，人就会往前走。

要想想，我们总会活到老死的那一天，总会死翘翘，最后大家都是平等的，和出生时一模一样，什么都带不走，但有些东西能留下来，那就是你欢畅热烈地度过生命中每个当下的精彩体验。这是每个人拥有的不一样的东西，让自己感到快乐、舒爽、活着的方式。

人这一生有无数种活法，记得把注下到自己身上。

"我相信你"
其实是我相信自己

『一切都是自己的选择、判断，一旦决定信任了，那就信任下去，出了乱子也要敢于承担自己判断失误的后果。』

最近经常听到很多人抱怨，说现代社会缺乏信任机制，人心不古，就连同床共寝的夫妻都不知道心里在打什么算盘，最后都会以一声长叹来收尾：

唉，谈恋爱真累！

唉，创业真累！

唉，结婚真累！

唉，活着真特么累！

好了，这顿咱们要不去吃火锅散散心？

是啊，我不否认他们的这些抱怨：找合伙人创业，说不定对方会卷钱跑路；结个婚说不定妻子会出轨，甚至孩子都可能是替别人养的；让婆婆来带孩子，当妈的整天担心会不会给孩子吃什么不干净的东西；老板付高工资录用一位员工，说不定其才能不在做业绩上而在吹牛上……各种各样的信任困境摆在面前，一旦陷进去，人心想不累都难。

信任，看不着摸不到，没有气味没有形状，它就像围绕在我们身边的空气一样，看似可有可无，可一旦少了信任，一切都仿佛失去了太阳的光源，注定走向衰落，而我们又常常在信任上栽跟头，因为人们很容易相信别人，但很难给予其信任。

比如面对一个陌生人，你对他有很好的第一印象，你感觉这个人衣着光鲜为人正派，如果开个宝马跑车，那就更增加了你对他的好感，但是在你不了解他真实的实力和真实性格的情况下，你会把重要的事情委托给他吗？会把重要的岗位交接给他吗？会把钱借给他吗？相信很多人想也不想，会直接选择"否"。谁也无法预测对方能否承担你的信任，是否会给你的信任以积极回报。相比于相信而言，信任比相信多了一层委任，触及个人利益问题，它比相信更具有沉甸甸的分量。

今年毕业季来临前夕，为了给蜜芽注入新鲜的血液，我们在全国高校做了一圈庞大的管培生校招活动。在展开这次校招前，我跟公司全体 HR 开了个会议，提出了管培生招入后的四个管理要求：第一个是绝对不让这些孩子做职能部门，而是直接让他们去接触业务，做硬活，拼业绩，让他们在最年轻的时候走到电商的前线去，切切实实和电商最核心部门打交道。

因为你如果在他们最富有拼劲和创造力的年纪把他们放到职能部门，用端茶倒水考验年轻人，对他们宝贵的青春太过残忍。

第二个要求就是给足机会。我们采取了管培生轮岗制，每个管培生有三次转岗机会，初始岗位随便选择，即便他想做总裁助理也会让他做，但初始岗位一定得干满三个月，三个月后可以申请换岗，找到最适合自己的岗位。

第三个要求是不预设。如果一个管培生干得很好，虽然他是毕业生，没有社会经验，年纪很轻，但职位可以立即升上去，不能因为他的年纪和资历就限制他的职位，也就是说，现在他的 leader（领导）是 A，如果干得好，他可以让 leader 变成自己的下级。

第四个是一定给足钱。因为我自己当时从北大毕业初入社会的时候，深深体会过那种巨大落差，毕业前以为自己是北大的，那可是天之骄子啊，还PK掉那么多人进了五百强做管培生。但又怎么样呢？我从学校出来，需要找房子，需要交房租，五百强企业给的工资交完房租后，只够吃饭、买些便宜的衣服和化妆品，人从清高的天之骄子一下子沦落到在刘家窑和别人合租三居室的社会女青年。那时候，20岁刚出头的我常常坐在摇摇晃晃的地铁上怀疑人生，上班怀疑人生，下班也怀疑人生，走到商场看到喜欢的东西更怀疑人生。所以蜜芽一定要给这些刚从大学毕业的管培生租房子，付能让他们过上体面生活的工资。

这四个要求提出来之后，立即遭到全体HR的反对，就连一向支持我的HR高管这次也不再站在我这边，跟着我们一起做校招的人员，作为局外人也眯缝着眼睛，心想这个人是不是有点抽风，为什么要给还不了解实力的年轻人提供这么多机会，下那么大成本？

在他们的理念中，给年轻人机会可以，但先得做出来成绩，先干杂活试练试练，再判断他们能不能胜任更重要的工作。即使做出来成绩，机会也要慢慢给，薪资和职位一旦加猛了，年轻人会浮躁。

两种相反的观点，两种不同的做法。无非就是职场中信不信任的问题，到底是等着他做出成绩再给予信任，还是一开始就给予信任。我选择了第二种，后来，这些孩子确实做出了惊人的成绩，招进来的10个管培生，其中有本科生也有研究生，他们在半年内就把业绩从1000万做到了4000万。

从招聘管培生这件事上，我对信任有了深层的认识，其实我们所在的这个社会，从来就没有更好与更坏过，任何时代任何时候，不管人类原始还是现代，均会遭遇信任困境，人们一边期待着他人的信任，一边又为难着是否要信任他人。

被忽略的一个事实是，信任是双向的，你信任他人的时候，他们能够因为你的信任减轻压力和负担，也能因为你的信任更具有前进的动力，特别是在信任年轻人这件事情上，信任比不信任能带来更多效益。

不过，还有一件事情让我认识到了信任的另一面。前段时间，我在外面谈事情，忽然接到了家人的电话，亲人特别突然地进了重症病房，电话里也讲不清楚怎么回事。那天已经很晚了，我立马买了机票调车去了机场，半夜赶到了西安，又从机场火速赶到医院，当我披头散发出现在重症病房门口时，抓住主治医生问了一堆问题：血糖怎么样？病历让我看看。血压多少？……

那位医生退后几步毫不客气地问："你要干什么？"

我说我要了解情况啊。

他说："你别跟我说话，你必须在这里写上'一切均为家属自愿，一切与医生无关'。"我皱着眉头吃惊地看着他，心想他怎么这样？他顿了顿，又补充道："你们明天也可以选择转院，转到你们当地的医院。"

原来，他把披头散发半夜闯到病房的我当成"医闹"了。现实中不缺少"医闹"，他们大多像我一样三更半夜堵在医院门口，披头散发抓住医生要病历。我反应过来后，立即原谅了这位医生。

当时的我特别沮丧，倚着医院的白色墙壁开始思考起人生来，我能怪他吗？我不能怪他，因为他或许受过伤害，看到过医闹，或看了电视上报道过的诸多医闹。我要做的是让自己冷静下来，换个更好的姿态，更理智理性的姿态再和他交流。后来也确实如此，等我平静下来后，他发现我不是个医闹，语气缓和了不少。

我忽然理解了，原来信任别人，本质上是要信任自己。

在人与人信任的关系中，信任从来都不是平常人理解的"我信任你"的字面意思，"我相信你"的前提是我相信我自己。我相信自己愿意首先以善意去信任他人，愿意首先做一个可靠的人，愿意把别人的信任承接住，我不乱来，我不胡闹，别人向我施以信任时，我能把这份信任照顾好，并回报以感激。

别人把事情推行到何种程度，是优秀还是糟糕，谁也无法提前做任何预测，我们唯一能做的就是做好自己。信任是内发的，当一个人自己足够好、足够优秀、层次足够高的时候，他会比普通人更容易信任他人。事实上也是如此，你看那些成功的老者，他们往往更宽容，更容易信任他人。

所以当你开口抱怨一个人不靠谱时，当你担心一个人值不值得信任时，请马上闭上嘴巴取消担心，跟自己说：不是别人靠谱不靠谱，而是自己多靠谱；不是别人值不值得信任，是我要不要信任。一切都是自己的选择、判断，一旦决定信任了，那就信任下去，出了乱子也要敢于承担自己判断失误的后果。而事实上，就像我信赖管培生一样，不信任比信任的成本要大得多。

曾经和女儿一起阅读时，读到过这么一个小故事，在这里想跟大家分享一下，也许读完它我们对信任的魔力就又多了一层理解。

故事里讲述了美国有一个叫约翰的男孩，他有一位来自德国的奶奶。爷爷去世后，不懂英文的奶奶独自一个人生活在原先的小镇上，在爷爷的葬礼结束后小约翰的父母留给了奶奶一个可以异地取款的存折和100美元现金。一年后约翰欢天喜地来到奶奶家后，发现了一件特别奇怪的事情：他的奶奶喜欢把钱放在窗台上，一把钱，有零有整，每次出门买东西，老奶奶都会把钱全部拿走。约翰问奶奶这钱怎么放在窗台上，要是窗子开了被人随手拿走了怎么办，他建议奶奶把钱放在电视柜上面，奶奶说从来没有丢过钱，不会有人拿她的钱的。即便如此，她还是采纳了他的意见。可第二天她买东西回来后还是顺手把钱丢在了窗台上，约翰就帮她整理好，放在电视柜上。可是到了第三天，约翰发现三天过去了，奶奶一直在买东西，钱不但没有少，而且还增加了几十美元！他打电话给父亲，父亲查了查当时留下的银行账户，更令人惊奇的事情发生了，那个银行账户的钱竟然一分未动。在第四天，奶奶又上街买东西时，约翰就偷偷跟在了后面，想知道究竟发生了什么。结果他发现，奶奶买水果时，一下子把钱全部拿出来，让卖水果的人自己拿钱，卖水果的人从奶奶手里拿出一张 10 美元的钞票，却放回了两张 5 美元的钞票，其他商贩也是一样，有的甚至还多找给她钱，原来这些居民都在默默地帮着没有依靠的老人。他找到了镇长，本来想感谢小镇的人一年来对奶奶无声的照顾。镇长却说：

"以前都是你爷爷跟别人打交道，他去世后，你奶奶开始进入社会生活中。刚开始小镇上的人还感到这个老太太真是奇怪，后来才知道她根本不认识钱，没人愿意欺骗一个不认识钱且完全信任别人的人，于是就出现了这种现象。其实，不是我们在帮她，而是她在帮我们，小镇上原来也有坑蒙拐骗的现象，自从碰到对人没有丝毫防备的约翰老太太后，这种现象才没有了。我们应该感谢你奶奶才对啊！"

信任真的具有某种神奇的魔法，它可以生出许多令人惊喜的新事物，不是说要盲目地信任他人，而是要有信任的信心和勇气，在决定相信下去的时候，那个变好的自己有胆量和底气接得住自己选择的信任，与此同时，信任也会回报你丰厚的奖赏。

不信的话，不妨试一试。

如果你试了，感谢你对我的信任。

Part 2

第二部分

创业大时代：
人人都是 CEO

Create the World You Want.

"无数潜在创业者都在苦苦寻求灵感降临的那一刻。

但是你要知道，

创业灵感从来都是'注意到'的，

而不是绞尽脑汁'想出来'的。"

这个时代,
是对创业者的恩赐

0
1

『越来越多年轻的比尔 · 盖茨出现了。』

　　六七年前,创业的大环境远远不及现在成熟,当时一个拿着不错薪水在一个众人仰慕的公司上班的人如果辞职去创业,在众人眼里简直就是脑子被门挤了。父母可能会大吵大闹反对,同学朋友也不理解,为什么放着不错的薪水、众人羡慕的公司不要,非得做一个无业游民,没有五险一金不说,连节假日作为福利的免费水果都没有了。用当时我妈的话总结就是:不好好在单位里干,非要靠自己,也不知道干个啥。

　　我创业的时候是 2011 年,当时家里人也不是很明白,父母虽然不同意,但没有像其他家长那样大吵大闹阻止我。邻居和亲戚问起来的时候，我爸妈也都支支吾吾地应付过去了。如果碰上那些好奇心强、顺便想把彼此的孩子比一比的阿姨："你家闺女现在干吗呀？在哪个单位上班呢？一个月工资多少？公积金扣多少？"这个时候我爸妈就很尴尬了，想想当年女儿光光荣荣地考入了北大，如今却整天蹲在地上填发货单子……真的说不出口。

这是父母所处的尴尬环境，父母承受的尴尬也会无形中给你一种压力。换到自己身上来的话，也有很多尴尬。每次同学聚会，大家围成一桌，不用别人主动问，混得好的人也会主动报告他在哪里上班什么职务拿多少薪水，然后将脸转向你：你呢，刘楠？在干吗呢？你说你辞职去创业了，他们会大吃一惊，张着大嘴都不知道该怎么回你，为了缓解尴尬，人家会主动转头去问旁边的同学，心里可能嘀咕着：估计刘楠原先的单位不好混。

在 2011 年，如果你选择创业，在别人眼中可能是鲁莽、冒进、想得空大、不踏实，而不会认为你有潜力、有拼劲、有勇气，他们不会觉得年轻就该多多尝试、拼一拼，反而会认为年轻人就该"踏踏实实"地干事，仿佛去创业就是对这种"踏踏实实"的实干精神多么大的背叛。但实际上，创业也是一种实干，可能"实干"根本就不足以用来形容创业，"玩命"才最贴切，每个想成功做起来一个项目的创业者都在玩命，拼出自己全部的时间和精力。

从 2014 年起，一波创客热潮开始席卷而来，越来越多的高薪人士选择辞职创业，而几年前我创业的时候想要找个高级人才，比在路边拿钱请路人品尝新型蛋糕都难。

比如 2011 年要挖百度、腾讯、阿里巴巴的人，抛出的年薪再高，人家一看是"创业公司"连考虑都不考虑，没有人甘愿牺牲宝贵的职场时间去创业公司冒风险，大都会在一个稳定的体系中玩"升职""加薪"这种丝毫不用承担风险的熬时间游戏，跳槽也不过是换个好的环境熬职位。

但现在就完全不同了，大家常会反思"我已经 30 岁了，是不是该考虑创业了"。身边开始出现一种创业者年轻化的态势，他们一般都是"87 后""88 后"，"90 后"也越来越常见，创业者的年龄令人吃惊地变得越来越"年轻态"，很多大学生甚至在念书的时候就已经开始拉投资做项目，越来越多年轻的比尔·盖茨出现了。也许当你上完大学毕业找工作时，会发现你的老板竟然比你都年轻好几岁。

这是个很奇怪的现象，可能除了在美国西部开发时，有一批年轻人靠着地球的资源形成产业带动一个国家的经济，还没有哪个国家像中国这样，年轻人真正成为未来经济的创业主力。年轻人只要对一件事情付出 100% 的热爱，和未来至少五年时间对一件事情 100% 的专注，你就能拿到钱，能得到别人的支持，能开创事业，不靠地球有限的资源划分地盘，不靠投机买卖，而靠借用中年人积累的财富，用年轻人的智慧、勇气、努力创造更大的财富，实现两个阶层的利益双赢。中国人是会做生意的，这一点和同样会做生意的犹太人相比，我们更具有包容性。促使这一种转变的主要原因是，李克强总理提出了"大众创业，万众创新"，鼓励青年人多种方式多种领域创业，第一次把创业上升到了国家层面，大家不再轻视和"担心"那些冒险的创业者，创新创业精神也成为一个时代的主导。另外相比于"60后""70后"，"80后"和"90后"的成长环境更优越，经济基础决定思维和习惯，他们胆子大，顾虑少，在宽松的条件下也经得起折腾。如果失败了，年轻人赔了什么？是在一个稳定企业里拿的固定工资、宝贵的时间吗？真正唯一值得痛苦的是项目失败本身，因为年轻人有的只是时间和新想法。

我认识一个南京大学的学生，念书期间和几个同学开始创业，他的父亲 50 多岁，在一家 200 人以上的中型企业做财务主管，有次我和他的父亲聊天，他很骄傲地说：我儿子现在在搞一个合租房项目的 App，已经拉了多少多少钱的投资。我问他不担心儿子不好好念书吗？他说，只要他在做自己喜欢的事情就行，无论怎样都会尊重他的选择，创业这种事对他们年轻人来说，成功了就上市，赚大的，不成功长了经验，也是赚的。

你看，时代的主流观念总在瞬间变迁，上一秒众人否定的东西，没准下一秒人人都开始追捧了，不过短短三四年的时间，大家对创业的观念有了天翻地覆的变化。

除了政策和舆论外，中国的创业环境也更为成熟，资金流动、创业场地、法律规范、政府的配合度与支持度，和十年前比一比，简直是天差地别。

拿着钱投资的投资人到处都是，创新工场哪里都有，不只是北京、上海、广州、深圳这些一线城市，就连在杭州、济南、大连、青岛等二三线城市，为创业者提供的共享办公室也不计其数，只要有商业中心的地方，就有创业者的身影。

现在所处的时代，不管是政策上、舆论上，还是外部条件的支持上，都是对创业者恩赐的时代，而这只是在我们中国这个国家。其他发达起来的国家，如法国、美国、英国、固守传统的日本，为人提供便利的 App，各种各样的 P2P 购物平台，远没有我们国内多。只有中国大街上有共享单车，有黄色、蓝色、红色各种衣服的运送骑士；只有中国有无比快捷的物流，能让你上午下单买双高跟鞋，下午就可以踩着它去参加聚会。

其实创业也不仅仅限于互联网，开个煎饼摊或者是开个饭馆也叫创业，只不过互联网的出现让创业更便捷也更容易实现，以前在街上摆摊会被城管撵，饭馆也需要房租资金，但是在网上卖东西，成本就大大缩减了，比如以前手工艺者想卖出去好不容易做的物品，得亲自参加手工艺集市，现在拍拍照片在网上卖就方便多了。

美国有一家叫 Etsy 的手工艺者网站，有点类似于中国的淘宝，但它更小众一些，所有的手工艺者都把自己的东西放在上面销售。而我们中国在互联网创业上走的路就更远了，中国除了有淘宝，还有微店，人人都可以开店。我身边有好多同事，有的把老婆做的饼干，有的把妈妈做的牛肉酱，还有的把老家的苹果都上传到微店进行售卖。

有一个故事特别有趣，曾经有个北京平谷的同事，每年一到 9 月份，她就在公司群里卖桃子，发一张随便拍的桃子照片，往群里一扔，问有没有人买。一开始有同事特别贴心地提醒她："你在办公群里面卖自己的桃子不太好吧？"

我特别支持她卖桃，但是好歹得卖出专业性，人与人的能力差别有多大？其实真没有多大，差别的是用心程度，把任何事情做出专业性是很了不起的事，这也是创业者必备的素质。

就拿卖桃这件事情来举例，首先要对自己的产品有信心，让它有个品牌名，比如6月红、9月甜，特点是什么，皮特别好剥，比其他的桃子甜，水分多，一口咬下去像是在喝桃子汁，这样的广告比一张普普通通的桃子图片要有吸引力多了，卖桃要有一个卖桃人的感觉。只要投入热情，有"卖桃的感觉"，人人都可以把一件"用品"包装成能够通过销售换来金钱的"商品"，在这个过程中，我们的时代中有互联网这一完美助力。

不久前有一位特别长时间没有联系过的朋友突然打来电话，说要跟我借钱。本身他借得不多，出于好奇我还是问了下他借钱的原因。结果对方毫不犹豫地告诉我，说他没钱吃饭了。我当时真的觉得，远比他张口跟我借钱还要惊讶。因为在我的记忆中，他是和几个朋友一起在创业做着些什么事情的，不可能因为吃饭问题来跟别人借钱。原来他是拼上了他们几个人的所有家底在创业，原计划一到两年就会得到投资，没想到一年没等到投资，两年还没等到投资。三个人先是发不出团队员工的工资，后来干脆连饭都吃不上了。

通过这两件事情我就觉得人一旦决定创业了，一是要端正创业态度，明确创业前景，另外一个就是一定要保证你是能够吃得上大饼的人，这样你才有资格带领团队，才可以有资格给你旗下的员工"画大饼"。很多人在创业时往往忽视了这一点，直到他吃饭都成了问题的时候才后悔莫及。大学生一出校门就创业，结果还没搞清楚市场是怎么回事，就遇到了吃饭问题。特别是那些家庭经济条件一般的学生，他们往往东拼西凑搞到些创业启动资金，结果在还没打开局面或没找到投资的情况下，就遇到了比公司生存更迫切的个人生存问题。

其实，对于很多人来说，我的建议是：不妨先学会打工，在打工过程中积累经验、资源和资金，然后再量力而行地去创业。事实上，在工作中为公司创造了很大价值，因此获得晋升和很好的经济回报，也不失为一种创业成功。至少，你不要因为不喜欢打工才去创业。或者像我们公司那个卖桃子的小姑娘一样，利用你职场的人脉和关系，一边工作一边运用互联网自己搞点小事情做，这同样也是创业。可能你利用下班时间在街边摆个小摊子就是创业，你手机微信上开通个微店同样也是创业。并非需要你前期砸下多少本钱，而是要明确你的市场和你自己的创业目的。当你吃饭都成问题的时候，你可能会放下你的雄心和梦想，你会为一些蝇头小利不得不违背自己的初衷，甚至降低自己为人处世的底线，因为你得活着。这是我经常看到并且最不愿意看到的情况。另外，如果你到了连吃饭都成问题的时候，即使你找到了合作伙伴或投资人，你也会失去博弈的资本，你可能不得不接受对方"乘人之危"的苛刻条件，委屈地签下不平等合约。

在全国"双创"热情高涨的今天，估计很多人都曾经萌生过创业的念头。但最后为什么迟迟都没去呢？这里面原因很多，在很多人看来，缺少一个恰当的想法，可能也是让很多人停滞不前的最大原因之一。万事开头难！对于创业者来说，这第一步的艰难，往往就来自想法。

曾经听到有人说："如果我有一个好点子，明天就辞职去创业。"

也有人说："今天风投那么发达，资金已经不是创业的问题，但我就是没有什么好点子。"

由此可见想法的重要性。比较赞同这样一句话：无数潜在创业者

都在苦苦寻求灵感降临的那一刻。但是你要知道，创业灵感从来都是
"注意到"的，而不是绞尽脑汁"想出来"的。

我们所处的时代是一种恩赐的创业时代，一旦你走上了创业之
路，你就会发现"随时完蛋""快要成功了"这两种压力会推着你不
得不投入 100% 的心力和热情，而这些宝贵的热情早晚会随着生命的
衰老消失掉。如果年轻时有好的想法，何不去尝试创业呢？它就如梦
想这种蛊惑人心的病毒一样，万一就成功了呢？

创业这么苦，
只为赚钱的人是坚持不下来的

『你沿着光线，试探二三，快走几步，奔跑起来！这种痛快和酣畅，才是在我人生中占据主要旋律的微笑篇章。』

"刘楠，请问创业苦吗？"

"苦啊，特别苦。"

"创业中您经历过这么多苦的事情，那请您说一件您最苦的事吧。"

绝大多数情况下当媒体朋友这么问我时，我反而觉得这种问题相比较我的创业经历来说，才是更让我感到痛苦的事情。从一开始我只身一人到如今我的身后有同伴有团队，有那么多人的信任，在整个过程中我常常会因此而忘了自己所吃过的苦。如果非要让我从成长过程中挑一件最苦最难过的事，还真的是很勉强，挑不出来。可能和我的性格有关，特斯拉创始人马斯克曾经说过，我不知道什么叫放弃，除非我去死。话虽狠，却走心。在创业这件事上，和很多创始人一样。我无法停止也从来没有想过停下脚步，喜欢、信赖蜜芽的妈妈们越来越多，身边一起工作奋斗的伙伴们也越来越勇猛，我并不介意外界看到这一切的真实面貌，但我真的不确定想要扶持出一个完美女创业家形象的媒体们，是否能够真实地记录下来。

假如你要听我说的话，创业无疑是非常苦的。如果有人告诉你创业很爽，创业有百利而无一害，创业简直就跟撒开脚丫子玩一样痛快，你赶紧上吧，再不创业就晚了。这就纯粹是忽悠人了。创业确实能激起人的热情和斗志，让你比任何时候都知道自己在做什么，有没有虚度光阴；但另一方面创业也苦得要命，这种苦只有真正白手起家创业的人才能懂。你开始创业前，一定要看明白了，只有那些一开始就想明白创业确实很苦的人，才能走得很远。因为当你在过程中面临困难时，你已然有了十足的心理准备。

早期还在做淘宝店的时候，我们的写字间是一个只有 25 平方米的狭窄单间，从接订单到打包发货都在这 25 平方米内完成，可以想象，有时候货堆多了，人连个落脚的地方都没有，中午吃饭也是在一堆货品中间吃简单的盒饭。不过我是陕西人，向来不怕吃苦，与吃苦相比，更怕的是日子不按着自己想要的方向走。

　　我的网店生意从一开始没什么起色，到后来越做越好，以至于25平方米的写字间实在放不下那么多东西，我们不得不开始搬家。当时我就制定了第一个战略，叫"人随货走"。也就是说，货第一，人第二。给客人的货品永远是第一位的，必须要有充足的空间来放置货品，保证包装完整，不被压缩，至于人在哪里办公都无所谓。第三，不用言说的是要省钱。

　　我们按着这个条件开始满北京城找适合我们的"新家"。那时候北京有仓库出租，但很难在五环以内找到合适的仓库。幸运的是，最后居然被我们这群不达目的誓不罢休的痴人给找到了，位置是在东四环外面大郊亭桥附近，那里有一个钢材市场，钢材市场后面有可以做仓库的办公区。

　　整个仓库的厂区被分成南北两区，为了省钱我们没有请专业的装修团队，而是自己把仓库装修成loft（阁楼）的形式，下面空旷的地方来放货，人在上面办公，中间是一层结实的钢板。焊钢板时，我们找了个包工头，那段时间为了方便出行和装修我买了一辆宝马，我们就开着宝马拉装修用的器材，角钢、圆钢、铸钢……有一天我老公发现真皮座椅上蹭了几条红色的铁锈，他看看铁锈看看我，再看看铁锈再看看我，想说我又不舍得，可还是能感觉到他心疼得要死。

不过经过自己这么一倒腾，用最省钱的方式实现了当时找仓库之前制定的"人随货走"决策。那年搬了新仓库之后的夏天我觉得还挺不错的，但是等冬天来了，我们才发现还真的是经验太过不足，导致自己吃了很大的苦头。

第一个冬天是 2012 年，全球都在宣扬的世界末日之年，结果世界末日没等到，那年冬天倒是出奇地冷。一连下了四五场雪，我们的仓库因为在钢材市场后面，一到过年钢材市场的人全部放假走了，仓库在孤零零的雪中待着，周围积满了雪，我记得常常一脚踩进去，雪能把人的半条腿给淹没了。但是没办法，还是得一脚一脚走过去，在寒风中艰难地走到自家仓库，走进去也没有好多少，仓库里也冷得跟冰窖一样。具体冷成什么样子？那个时候我们在仓库里放置的饮水机都被整个冻成了冰疙瘩，人连喝水都成了问题。那怎么解决呢，没有办法解决，只好放弃使用饮水机了。

但也不能这么干冷着吧，虽说人随货走，但没有人了还怎么发货。我们又想到一个办法，买了两台电暖器打算取暖，买来才知道自己想法有多幼稚，即便是两台大电暖器也根本无法解决人的取暖问题，只好又买了无数个小暖气，在每个人面前摆一个，我们就一边抱着电暖气，一边手越过又暖又晃眼的电暖气打字，为顾客耐心解答问题。

我们就是这样度过创业中"最寒冷的冰川期"的。

现在回想当时的情况你说惨不惨？蛮惨的吧，然而这只不过是创业中一件很小的事情，更惨的事情我都已经忘了。创业如此之苦，那些跳进这个圈只为赚钱的人是坚持不下来的，而创业的最终目的也不仅仅在于挣钱。创业的"创"字有三层意思：

一是创造属于自己的财富，直白地说，就是赚钱。
二是创造一群能信你，能跟着你去经历大起大落的人，包括你的投资人、合伙人、员工。
三是创造属于你的理想国。

钱，人，理想国，都是创业要创造的"业"，只有钱的话，不叫创业，那叫赚钱，比如做投资。对于创业的人来说，如果只为赚钱，他只能停止在第一层面，没有一个理想国的梦想，就没有一群跟着你的人，没有人，挣来的钱也不会长久地存在你手中。

有好多事情当时不觉得苦，当你坐在高档写字间回首来时路时，才觉得苦。为什么当时不觉得苦呢？一定是因为埋头在里面努力行进，所以根本没有时间去思考究竟苦不苦，反而更多的是一种简单的快乐，订单多了，货能发出去，冷点就冻着，热点就扇扇子。当你只有一个信念，就是我们要更多的订单，我们要发更多的货的时候，就已经自动忽略了一脚踩下去半腿高的雪，也忽略了饮水机里的冰碴子，手上的冻疮好像也不那么疼了。

没有订单了，才叫真的苦。

创业从来都不是一件只有享受没有吃苦的事，世界上也从来没有一件不通过吃苦就能做成的事，而往往你吃的苦越多，成就会越大。现在再回头瞧瞧创业初期的辛苦，从商业逻辑上来讲，我们当时为省一分钱而吃两分钱的苦完全没必要。但我却很感恩有这么一个吃苦的过程，如果再让我选择，我还会选择这条比较辛苦的路。所谓吃过最苦的苦，才能尝到最甜的甜。

在创业中受苦有时候就像是一种仪式，以前我是被一层层糖衣包裹的糖娃娃，真正有行动力的那一刻的成长其实需要脱掉那层厚厚的糖衣，创业中苦的东西就像具有摧毁力的锤子，一锤一锤把包裹我的糖衣敲碎了。北大毕业生也好，外企白领也好，统统去掉，我剩下最真实的我，有行动力的我，接地气的我。只有经历这么一个贴着地去干活的过程，你才能真正贴着地起飞。人如果不贴地，飞不起来，也飞不快。

我觉得只为了赚钱的人才会永远记得这种苦，会对苦有感知，而创业的人由于有三重的目标需要达成，那些在创业过程中的苦反而可以忽略不计。

有一年，我去青海湖旅游，为了看传闻中美得不可言说的青海湖日出，必须在一个叫黑马河的地方住下来。黑马河直到现在都是个很破旧的地方，当地藏民都住在山上，黑马河只有几家破破的宾馆，但如果你想看到最壮阔的青海湖日出，你就必须在那儿住一晚。有一次看书，看到独自创办滴滴出行的程维在自传《在巨头阴影中前行》中写到黑马河，他说他带团队在黑马河宾馆里住了一晚上，那一晚痛苦得辗转反侧难以入睡，可当他们第二天看到壮丽的日出时，忽然发现这一切都是值得的。当时我翻着书页感叹，天啊，真没想到黑马河宾馆还成为了程维创业回想中的一站。

创业者分为两种：一种人是程维这种，能够平静面对自己所受的苦，记得自己所受的苦，也记得第二天看到的壮丽日出；还有一种是我这种，随时忘了自己所受的苦，享受并拥抱当下，爱对酒当歌的炽夜，更爱四下无人的街。我在《奇葩说》节目中曾经说过，人的大脑有一种保护机制，当你遇到特别痛苦的事情时，大脑会帮你忘记这种痛苦的经历，宛若从来没有经历过这些事情一般。也许我的保护机制特别无懈可击，它让我觉得快乐和从容，未来的路能走得非常稳定，步履轻盈。

做母婴电商以来，我深知要热爱，要专业，要做有心有责任的企业，更要有属于我们自己的情怀。不但要翻遍世界的每一个角落，竭尽所能找到好货，更要能够牵手用户，穿越纷乱的商业战场，拨开真假的迷雾，把看似最软的一根肋骨，练成支撑心脏最强的殿柱。如果这么想的话，那真是没有什么值得我叫苦的事情了，自虐型人格太适合创业了。当到达一个 comfort zone（舒适地带）之后，立即抽身进入新的征途，主动脱离舒适区去体会痛苦挣扎甚至迷茫。自虐型人格又往往更加自信，自信黑暗区一定有创意迸发、灵感四射的 moment（时刻）。你沿着光线，试探二三，快走几步，奔跑起来！这种痛快和酣畅，才是在我人生中占据主要旋律的微笑篇章。

走出舒适区，
空杯越快越快乐

『三年后的你其实取决于今天的你，所以一定要无所畏惧，勇往直前。』

我在这三十四年的人生里，一直在跟自己较劲，从没让自己过上一天舒舒服服的"好日子"。考入北大之前，我把所有时间都放在争第一上，只有成绩才能证明自己的价值。在邻居老师同学眼里，这个第一的刘楠很优秀，是成绩突出的三好学生。但后来我发现，即便是这样被捧在人尖上，我的内心还是会时时感到焦灼。那时候我想，如果学习十多年的最终结果不是达成我的理想目标，那么这十几年的第一也算是白瞎。直到 2002 年夏天，我以陕西省高考文科第三名的成绩考入了北大，才稍稍松了口气。但这口气仿佛刚呼出去，焦灼和不安就又找上了门。

一进入北大，我就发现身边的同学全是各省的状元，他们比你聪明比你基础更扎实，更可气的是比你更用功。北大的学生有个坏毛病，用功不明目张胆地用功，有些人会偷偷学习，再出其不意考出个好成绩，你看着人家在玩吧，没准玩得最疯的人，背后学习最拼命，玩三分钟，背后拼命三十个小时。在结束了北大的第一个学年之后，面对众多牛人，我的成绩排名很一般，而且年底奖学金的名单上第一次没有"刘楠"这个名字，可以想象我内心的小宇宙受到多么强烈的刺激。

我记得当时因为一门课没考好，很想找那位负责的老师请教，但老师看起来很高冷，找了几次也没空搭理我，于是我偷偷找到了这位老师在网上论坛的 ID，只要她一发帖子，我就会回复，而且经常私信她。靠着我的死磕精神，故事发生了神奇的转折，最后老师对这个神秘的网友很好奇，她想知道这位对她万分崇拜的学生是谁，于是就约我出来吃饭。结果见了面，她发现我就是一直想问她问题的刘楠后，哭笑不得。不过值得庆幸的是，自从请教完那位老师之后，那门课再也没有考差过。当然大学时代也不光靠成绩，但作为一名学生，好的成绩是他拿到的通行证。

在美好的大学时代，正是这种折磨人心的不安和焦灼推着我折腾了不少事情。大二那年，我选了第二门专业课——关于播音主持的专业。我爸是大学老师，他想让我当个主持人，而我妈想让我进大学教书，所以这个选择还是沿着父母规定的路线在走。

除了修双学位，每天忙着在各个教室奔走，我还参加了各种社团工作，竞选上了北大的学生会主席。但我觉得还远远不够，后来我跑去北大自办的报纸《北大青年》写文章，没多久就成了这份报纸的主笔。策划北京18所高校的摄影展大赛，采访底层的农民工。学生时代特别想通过所学的新闻专业为那股焦灼感找个抒发的出口，那时候的我还特别有新闻理想，把"铁肩担道义，妙手著文章"这种类似的格言写在书本上。

但这些折腾并未缓解我内心的焦灼感，反而让自己陷入了新一度的迷茫，我就开始跟自己对话，发现内心深处的那个刘楠，她其实有一种想做决策的欲望，而新闻报道只是对客观事实的描述，并不是真的适合自己。刘同有本书叫什么来着？《谁的青春不迷茫》，谁的青春不迷茫？谁的青春都迷茫啊！不光迷茫到找不到路，还焦灼、不安，怀疑自己，喜欢自己和自己对着干。

青春的迷茫状态，任何人都无法逃开，你逃也逃不掉，除非去经历它、看破它。那时候我就接受了这个事实，人很难逃掉内心的焦灼和不安，因为年纪轻轻的我们没有建树没有成就，没有可以证明自己存在的东西，整个生命是轻飘飘的，经受不起半点风吹雨打。而当生命未实现它应有的价值时，人是无法单凭着几句孔乙己式的安慰话就能够压制住荒废时光的恐惧感。

唯有更用力折腾。

读研期间我进入百度公司实习，正赶上了百度走上坡路，快速新鲜的互联网公司带给了我新的冲击，短时间内必须消化掉许许多多学校不会教给你的东西，我觉得挑战来了，整个人也因为碰到新的困难，又鲜活了起来。进入世界五百强陶氏化学后，也是一开始新鲜困难，没多久玩通了外企的运转模式，原先紧张的节奏对我来说成了慢速度，短暂消失的焦灼感就又追上了我，从念书到工作，我做的所有这些努力始终不能让自己真正快乐起来。我开始琢磨新的尝试。

令我自己都想不到的是，从陶氏化学之后新的尝试竟然是生孩子，卖纸尿裤。虽然说起来有些"丢身份"，可卖婴儿用的安全纸尿裤，确确实实让我找到了某种充实感，这也是脱离开父母同学老师等别人的期盼，我第一次自己选择自己要走的路。

在我 20 多岁的时候，我特别怕，怕自己得不到，怕自己不成功，怕自己成为不了自己想成为的人，但是你要问我想成为什么样的人，我可能都说不出来。可以毫不夸张地说，我的整个青春期过程——从十几岁的小姑娘到 20 岁出头的大姑娘，都是在这种焦灼中度过的，想做一些事情，取得大的成就，但目标又不明晰，于是就像个在黑洞里找路的探险者，看不到出路，只能这里闯一闯，那里撞一撞，往左试一试，往右走一走，找不到路没有关系，但你千万别放弃找路的行动。

我看过太多太多创业者也和我一样，内心都有那种不安的焦灼感，有些人学都没上完便开始创业，父母不理解，同学们嘲笑，但我能理解他们低头顶住这些压力的感受，与外在的压力相比，自己内心的焦灼更难以说服和消除，除了去切切实实地干事情，别无他法。

当我结了婚、生了孩子，我发现年轻时那些内心当中的焦灼和惧怕都可以放下，你不用在乎那么多，你心里想做的那件事你就今天晚上去做，三年后的你其实取决于今天的你，所以一定要无所畏惧，勇往直前。结婚对我是个蛮大的转折，结婚以后，身边多了孩子和先生，先生能够非常坦然地面对眼前所有发生的事情，他真的很爱家人，有他在身边以后我就感觉坦然了很多，有必要那么焦灼吗？不需要，有时候你多花点时间跟自己对话，可以做出让自己更加清醒的决定。

现在再回首去看走过来的路，特别感谢我的创业是发生在有了孩子之后，以前年轻时的心态撑不了太久，年轻人的心虽然激烈，但它脆弱，可能一次挫折，或者几次不被别人肯定，就产生了对自己的怀疑，陷入了焦虑和抑郁的状态。但是在我创业以前，我结婚了，生了孩子，已经享受了我认为最幸福的人生，心富足的底子非常厚，我不会再去怀疑做这家公司对不对，走这条路是不是对了，根本不会想这些问题。周末跟孩子一起去朝阳公园搭个帐篷，在草地上躺一下，她在旁边玩皮球，看着这一幕我那颗妈妈的心便会立即满血复活了。

青春期找不到路的焦灼感慢慢随着婚姻和孩子的到来被安抚下去，但我还是不会让自己待在舒适区，仿佛每每空杯状态之后，才是真我回归的时刻。

蜜芽一开始创业的时候，我把它叫作"一个妈妈的梦想"，因为我自己就是一个妈妈，那时候我是从消费者的角度理解这个行业的，但当我拿到 B 轮红杉资本融资的时候，它就意味着这是一场战争，这不是一个妈妈的心血来潮，不光是我的梦想，我必须把团队调整成一个狼性团队，一起赢。创业是什么感觉？爱与痛——爱这份事业，爱那些踌躇满志；痛不能做到完美，痛不能达到自己的标准。

最近的痛非常集中：如何提高用户的体验。心理、做事风格，甚至是接人待物，都有很大的变化，如果不能突破这个变化，调整自己成为一个新阶段的人的话，可能蜜芽就永远是一个走不出的小圈子而已。

创业这几年来我做了很多实践，这些实践和青春时期的尝试完全不同了，内心更成熟，心理建设也更完备，我知道方向在哪里，也知道自己要从一个点跳到另一个更高、更难的点，一旦察觉自己进入了舒适区，我就会立刻给自己找点刺。职场中，最危险的人是谁？就是那些拥有五年、十年甚至更多年经验的"老司机"。干起工作来，他们胸有成竹、轻车熟路，很少出错。在从前，这样的人是人才，但到了今天的环境下，这些人只是沦陷在自己舒适区中的懒人而已。现如今是一个体验经济的时代，产品除了标准化，更多要的是个性化。标准不是第一位，创新更重要。现实中很多招聘启事已经证明，很多岗位不再写明必须要有多少年的从业经验，取代的是"兴趣"和"热情"。因为经验不值钱了。经验为什么不值钱？很容易理解。一个开了二十年出租车的司机，在驾驶这个领域够有经验吧，但他能够开赛车、拿名次吗？未必。但是一个 18 岁小伙子，在专业赛车教练指导下学习一年，他不仅可以开出租车，还可以参加方程式拉力赛。

在一个信息极大公开、共享的时代，"有经验"的下场就是：很容易被超越，迅速被取代。

熟悉我的朋友常在喝茶聊天的时候笑话我，说我这是典型的自虐人格。后来证明，只是因为我懂得这样的道理，不希望自己因为舒服而始终让自己、让我的团队和公司，停留在某一种自满自足的状态中。像我这种不适合过"好日子"的自虐型人格却超级适合创业，前面说过了，创业可是个苦过程，自虐型的人无苦不吃。当到达一个舒适区域后，立即启动空杯心态，抽身进入新的征途，征途中的困难、痛苦、挣扎，甚至是看不到希望的迷茫，能磨炼出人的斗志和自信。人的自信都是从无到有，一点点通过实践生出来的，往往在黑暗地带创意更容易迸发，灵感四射。这个时候，远方哪怕有一丝丝微弱的光线，你也会想要抓住它，沿着光线拼命探视一二。

稳健和激进相比，有时候稳健反而更危险。例如在泰坦尼克号上，稳的结果就是体面地死去，而激进却能狼狈地活，换来十年后体面的回忆。创业也是如此，稳健和激进的切换，要根据时机时局来决定，并且打破自己的处事习惯。而人最难的，就是打破自己。因为看不到出路，所以才以最快的速度快步大跑；因为知道方向，所以不会在原点停留。这种痛苦奔跑的畅快感，是一个一直待在舒适区域里的人永远都体会不到的。

0

五年多赚 100 万?
那你不如自己创业

4

『 跳槽的时候，你只能看到自己下一段人生是什么，而不能看到下五段人生是什么。』

　　大概正常人对于海滩度假的理解是，热闹的泳池 party（派对）、阳光充足的沙滩、缓缓走来的比基尼辣妹，睡到自然醒然后没有目的地闲逛，一切都是舒缓的、愉悦的，可以尽情享受。然而近几年随着蜜芽越做越大，我每天都有着回不完的微信、邮件，不间断的电话会议。出差已经被我定义为白天一个接一个地开会，晚上一封接一封地回邮件，好不容易挤出点时间，赶紧发发风景照，让大家觉得我在悠然地度假，从而获得心理上的平衡。

　　有时候想想，对于事业，我究竟怀着一种怎样的热情？无法形容，没有任何词语能够精准诠释我对事业的热爱。

2017年9月，趁着参加北大的双创活动，我去了一趟未名湖。在这样一个秋高气爽的季节里，未名湖美得不可言喻。上午参加活动，中午去吃农园鲈鱼，下午忙里偷闲逛了逛校园，生活的美好全在其中。晚上在新闻学院，约了几位本科生和研究生一起吃饭。席间我们聊着聊着，聊到一个特别有趣的现象。十年前新闻系是最强势的，学生新闻理想浓厚，对采编实践也很狂热，而现在，整个学院三分之二的学生都去了广告系。新闻系式微，这种现象和目前自媒体等内容产业的火爆是有关系的。其次，新传社的文字部分无以为继，广电部分依托北大电视台，用手机拍短视频的反倒不多。最后，本科毕业生第一选择是读研，而七成研究生第一选择是公务员和事业单位，而2006年到2008年间，出国、企业、媒体三分天下。

我下了个结论，说总体感觉这届孩子偏乖，如果是十年前的那些孩子，指不定会怎么筹划着掀起狂澜。其中一个本科生小声说道："哪是孩子们学乖了啊，只不过如今的就业问题越来越严重，所以在选择专业上面，不再是理想优先，而是会下意识地选择就业概率更高的专业。"

我说，所学专业和今后从事的行业也不一定相同呀，好多人都做了非本专业的工作，照样做得很好。其他人又说，觉不觉得现如今年轻人跳槽的频率越来越高了？好多刚毕业的大学生，还没工作满一年，就换了份工作，有的动辄几个月跳一次槽。

槽是什么？槽是马吃草的地方，所以槽意味着饭碗，跳槽就是换一个饭碗。如果是在同一个行业里面换不同的槽，我觉得是 OK 的，但是得看频率。在任何公司，都得把精华学完了之后，再想着要走。这才是提升自身能力并且越跳越好的大前提。还有一种是连槽的属性都换了，在不同的行业之间切换，这就是彻底丧失了方向，迷失了自我，连自己想干什么都不知道了。在这种情况下，如果还有人维持半年甚至几个月跳一次槽的话，那他的生活已经完全乱掉了。这在任何一个职场环境中都是一个减分项，前半年干销售，后半年干公关，没有公司喜欢这样的求职者。

同时我觉得，每一家企业，都应该好好反思一下自己的企业文化和用人制度，减少青年员工跳槽现象的发生，制定合理的人力资源政策和晋升机制。有些企业"论资排辈""重关系、轻实力"的传统让很多年轻人心寒。只有让青年员工感到有晋升的空间，有发展的前途，并让他们看到努力与回报是成正比的，才能从根本上留住人才。

其次企业应该重视员工的思想道德与职业生涯建设。只有真正关心每一个员工的发展与未来，做到以人为本，才能让人才为其所用。在招聘的时候，切记不要因为公司发展速度过快，急于招人而盲目速配。这种现象屡见不鲜，但此种做法无疑是缘木求鱼。

跳槽，在选择那个"槽"的时候，你得想清楚：首先就是看行业，你所选择的这个行业是一个什么样的行业，是快速上升的行业，还是传统行业；快速上升的行业有什么挑战，传统行业有什么机会。当你想明白这些之后，再决定你的就业方向。

在选择好行业的情况下，再看备选公司在行业里的影响力跟地位，是头部、腰部、中部还是尾部，在前期调研好公司的发展前景。如果它是一个好的行业里的头部公司，那还有什么好说的，肯定是优先选择投递简历。这样的公司，一旦入职，还有什么好跳槽的呢？你应该做的就是，在这样一个环境、这样一个地方做到最好。有了足够的动力，是不会有那么多跳槽的想法的。如果是一个头部行业的尾部公司，就要仔细规划跳槽路线。想好如何跳槽、在什么时间段内跳槽，才能使你更好地提升自己。

行业与公司，跳槽时应该结合这两点去考虑。

还有一个考虑因素是薪资。一般从 HR 的角度来讲，你的薪资要求不要超过上一份工作的 30%，如果超过了，他们就会觉得你提高了。其实，跳槽的薪水不是要出来的，一次两次可以要出来，但是从长远来说，是你的价值积累出来的，主要还是个人能力的提升。而且你真的相信薪水会决定你一辈子的财富吗？

对于年轻人，我的建议是，算好维持基本生活的费用是多少，然后在这个基础上乘以二或者三，找到这样的工作就 OK 了。在薪资高的公司，你所要面临的问题也不少，你的能力是否达标，业绩能否完成……甚至好多公司一年下来还会面临大量裁员换血的转型期。比如曾经的乐视，开了双倍工资挖了好多人去他们那里，现在这些人全都没了工作。所以说跳槽一定要找能够提升 50% 甚至 100% 薪资的公司，这个思路不对，会把你带到弯路上去。

你可以寻求"USB 式创业"，把自己培养成一个 USB，插哪儿都可以用。插回老家，可以做一个美食大师；插到工业污染严重的地区，可以做环保，呼吁生态健康；插到一线大城市，也完全能 hold（掌控）住……关键还是要全面提升自己的能力，才能在哪儿都吃得开。

根据我的经验，在符合个人能力和实际情况的前提下，可以研究怎么创业。比起频繁跳槽，创业所获得的成长和金钱会更多。跳槽，跳来跳去其实都是同一个性质，无非就是薪资高一点，待遇好一点。如果你一门心思全在跳槽上，每跳一次薪资涨20%，年底一算，多赚了10万块钱，那又怎样呢？而且这种跳法也不能维持五年以上，五年内假设你跳了十次槽，次次都跳得特别好，加起来一共多赚了50万，撑死100万。100万或许看起来不少，但如果创业，100万其实很容易赚到。

或者可以这么办，算好你需要多少钱，乘以二，然后在职场中用1～3个工作达到这个目标。接下来你就可以思考自己究竟想要干什么。人要看得长远，跳槽只是暂时的办法。跳槽的时候，你只能看到自己下一段人生是什么，而不能看到下五段人生是什么。但我们应该从人生的终局思考问题，比如你就想当老板，就想做餐饮，就想卖东西，就想当网红……用工作保证基本的生活，然后以人生终局的追求创业。

战场是血对血的拼搏，
商场是钱对钱的冲击

『 "做更好的自己"本身就已经阻碍了你做更好的自己。』

　　我挖过很多高人，也拒绝过不少奇人，其中有一位不能不放在这里扯一扯。

　　那天我刚刚开完一个长会返回办公室，想安排下一个会议，他拿着名片走了进来，自称是咨询公司的 CEO 咨询专家。

　　"啊？ CEO 咨询专家？"
　　"是的，专家。"

　　说真的，这位专家挺真诚的，一进门便很坦诚地说，让我来做你的 CEO 教练吧。

"CEO 教练？"我心里嘀咕道，听说过不会游泳的有游泳教练，不会打台球的有台球教练，不会练瑜伽的有瑜伽教练，天底下居然还有 CEO 教练？

然后这位西装革履的先生见我皱了皱眉头，以为我感了兴趣，便开讲了。

"所谓 CEO 教练嘛，就是教你如何塑造一个成功的 CEO 形象，对内来说，一位备受喜爱的 CEO 千万不能随便骂人，特别是对待自己亲信的下属，就算你觉得人家再不对，也不能当面说他，要给对方留有余地，此外你要特别在乎部门同事怎么评价你，因为这个礼仪在企业运营中……"

最后他总结道："聘请一位 CEO 教练，帮助你成为更好的 CEO。"

我站起身，非常感激地跟他握了握手，随后把这位 CEO 教练先生送了出去，从此再也没有联系过他。

　　一个 CEO 关心的核心点如果是让内部员工都喜欢上他，那么这个公司半年之内绝对会倒闭。一个真正的 CEO 应该做什么？他应该做的首先不是树立一个大善人的人设形象，而是做一位合格的商人，是要去带兵打仗的，关注点在能不能把对外的那场仗打下来、打赢，把钱挣到口袋里，首先要把这件事情做成功，这才是最主要的一点。其次，在此基础上照顾到跟着你打仗的人的福祉，工资开够，应该涨薪的涨薪，该发期权的发期权，该惩罚的也要严格惩罚。"攘外必先安内"，只要做到这两点，不论是基层员工还是中层领导，都会诚心实意跟着你这位 CEO 走下去。

　　商场如战场，战场是血对血、命对命的拼搏，商场是钱对钱的冲击，礼仪做得再好，外面的仗打不赢，员工工资发不出来，你对员工无论如何细致周到，也是一种假大空。大家出来工作，把宝贵的时间交给你，需要你回报给他们的也不只是笑脸和亲切。说坦诚点，其实钱就是核心利益，是职场职位，是学习技能，是可以让他们成长的经历。我见过一位仁慈的奇葩老板，工作中和员工打成一片，一起吃盒饭，一起搭地铁回家，和员工的关系让外人看来，简直比亲兄弟还要亲，但是土豆丝配白菜的盒饭吃了五六年，北京的地铁价涨了，房价更是一涨再涨，员工工资一分钱都没有涨过，公司盈利？盈利，可就是不给员工涨工资，后来一起打拼过的人都散了，这位老板只能再找刚刚毕业的小孩，只是因为便宜。太糊涂了，让人想想就牙疼。

做大事必须不拘小节，没有一个 CEO 能够在创业中总是保持一副笑脸，也没有人能确保自己不发脾气、不骂人，更不要说在创业中，在会议桌和公司管理中谈孔孟之道、礼仪之交，简直是笑谈。

所以突然来了这么一位 CEO 教练，告诉我"我致力于教你如何成为一名更好的 CEO"，这比《奇葩说》上的辩论题还要奇葩。从商业上看，我需要对我们的投资人和员工负责，所以目标简单来讲，就是盈利，企业一年能赚一个亿，还是能赚三个亿。当然在合法的前提下，CEO 是要让员工感觉到他们跟着你是对的，有肉吃有票子拿有成长可言，在被激发的情况下发挥自己最大的价值，而不是一群人去学习"互相做更好的自己"，"做更好的自己"本身就已经阻碍了你做更好的自己。

企业管理中有一条至理名言叫"慈不善掌兵"，很多时候仁慈是不能解决问题的，仁慈也不能维护公司长久运转，公司是由各种各样的人组成的组织结构，只要是人就有自私的本性，用一个"慈"字去管理公司远远不够。

众所周知，电商公司最容易出现的问题，就是腐败问题。一些电商巨擘都出现过因为腐败员工被抓，让公司上了新闻的情况，而且一旦察觉你会发现往往那些员工贪污的金额都是惊人的。蜜芽从建立第一天起，我就跟员工们讲，创立蜜芽的目标是为了给妈妈们选有质量保障的产品，因为我也是一名妈妈，作为妈妈我不希望自己的孩子使用任何一件假冒伪劣商品，同时我是一名带领大家创业的创业者，还有一个目标是带着大家致富，但都得用正当的手段，摆在明面上的手段来致富，谁要是在桌面下使用手段搞钱的话，你搞钱我肯定告你。

电商公司里面跟钱最相关的两个部门，一个是采购部门，一个是市场部门，来来往往全是费用，要么需要花钱买产品，要么是买广告流量，但凡一个花钱的部门，就有可能存在腐败。所以每次严查的时候，都会侧重这两个部分。

但是万万没想到的是，公司里第一起被查出来的贪污事件既不是采购部也不是市场部，居然是技术部的一位员工。有一位技术人员在代金券中留了一个暗门，这让他自己可以随时在这个暗门里面写代金券的代码。这位技术人员，在公司工作了很长时间，他"制作"这个漏洞之后，就不停地给自己获取大额代金券，然后又在蜜芽上买东西，总额有 10 万元以上。按照刑法规定，贪污 10 万元以上金额均为重要刑事犯罪，最低判刑三年。

对他的处理成为我们整个管理层的一个难题，这位员工的老婆怀孕了，这位员工工作期间的表现不好说，也不是冒尖的人，属于默默无闻的那种。我记得当时一个很要好的朋友给我打电话求情，说这个算了吧，查出来，把钱退还就行了。我觉得求情求得不对，黑就是黑，白就是白，他违反了公司的要求，更重要的是他已经违犯了法律，应该怎么办就怎么办。最后我们报了案，这位员工最后判了三年多。发生这件事情后每个人的心情都很沉重，谁都不想这种事情发生，每个人都有同情心和怜悯心，但最重要的是，作为一个员工，你得守住你自己的贪心。

可能你会咂舌吃惊，但现实中许许多多企业中都存在这种情况，贪心和正直，情与法的较量，公司不是心灵治愈教室，它从来都不贩卖仁慈，它提供的是商品服务技术，和公正透明的交易。在商场就是真枪实弹的战斗，对于任何违背商业道德的行为都零容忍，这是对全体员工智慧和努力的最好保护。

 # Part 3

[第三部分]

不可避免的成长：
一切靠撑住

享受四周无人的寂静深夜，

把一个决定在脑子里咀嚼来咀嚼去，

最需要撑得住孤独。

女 CEO 的孤独：
撑得住孤独，受得了委屈

0

1

『 既要享受那些炙热的对酒当歌，也要非常享受那些四下无人的长夜。』

之前接受采访的时候，我发现常常有人问我这样的问题：一个女 CEO 的弱点是什么？

一开始我很排斥这个"女"字，为什么非得在 CEO 前面加个女呢？后来在创业路上走过越来越多惊心动魄的时刻后，我的心态豁然了，觉得加个"女"字也无妨了，不需要那么大的抵触心理。现在让我回答这个问题的话，我会想也不想地说，女 CEO 最大的弱点是很难撑得住孤独。

无论男女，独自做决策对创业者来说都是终极的孤独，我想这句话说完，许多创业者都会深深点头大表赞同。因为创业过程中很多决策到最后真的没有办法和任何人商量，之前再多人坐在一起商讨，给你意见给你把关，最终做决定的还是你自己，那个状态简直犹如百爪挠心，想找一个商量的人都没有，因为根本商量不了，话在嘴边说不了，决策的挣扎别人判断不了，只有自己把这种孤独撑住，也唯有自己撑住。

前段时间朋友聚会，我认识了一个女孩子，她同我一样目前也是一家创业公司的老板。她告诉我她已经 33 岁了，依然过着单身的日子。如果单从外表和谈吐上来说，她绝对配得上白富美的称号。因为彼此之间同为女性创业者，所以我就斗胆问她为什么到现在依然没有结婚。我以为她会比较含蓄委婉地告诉我原因，但是她很直白坦然。她说自己其实也很想结婚，可是没有遇到对的人。她工作后第三年就开始创业，其间也有遇到一些人，但总觉得不是很合适。今年是她创业的第五年，她和我不同的一点是，她是在父母的支持下开始创业的。而相同点都是创业早期的辛苦经历，既要自己找客户，还要自己发货，做售后做推广，经常是忙到凌晨两三点。

后来聚会之后闲谈，她说特别累的时候，也非常希望找一个人帮帮自己，让自己可以靠一靠。但是当真正有问题的时候，她还是会自己一个人把困难扛下去。既然在最开始选择了要成为独立自强的女性，自己就要品尝成为这个角色的酸甜苦辣。你自己不坚强，没人可以帮你坚强！

我当时觉得她说得太好了，而且她所有的心路历程我甚至都可以感同身受。然而对于女性创业者来说是这样，男性创业者难道就不会面临这种孤独没有依靠却又不得不去承担的时刻吗？其实都是有的，只要你成为了一位决策者，你必然就要忍受别人所不能忍受、无法想象的孤独时刻，而男老板和女老板最大的不同点在于，女人是典型的群居动物，她不习惯孤独。

远古时代男人在外面打猎，女人则聚在一起做饭，聚在一起做陶器，聚在一起编织衣物，就连去采果子女人也喜欢一起活动，任何活动都要有人陪伴才觉得安心。往现代一点看，女人喜欢聚在一起打牌，聚在一起喝茶，叽叽喳喳谈天说地。你瞧，自古以来女性的独立性相比于男性而言要差那么一点，对于一个女性来说，最艰难的时刻是需要她一个人做决定的时候。

"享受四周无人的寂静深夜，把一个决定在脑子里咀嚼来咀嚼去，最需要撑得住孤独。"这是我在朋友圈里发的一段话，时间是凌晨1

点，那时我还在办公室，刚刚签了一份数额惊人的合同。我经常会发一些心灵鸡汤类的朋友圈，别人看不出来到底发生了什么，只有自己明白每条朋友圈背后都有故事。

投资资金的介入让蜜芽有了超常规的发展，2014 年 3 月，蜜芽宝贝正式上线后，短短一年多的时间就获得了四次融资。整个 2014 年蜜芽成为备受瞩目的母婴电商平台，蜜芽用户覆盖到全国所有城市，中国有 80% 多的妈妈在购买母婴产品时，第一个想到的就是蜜芽。等到了 2015 年许多电商平台就盯上了迅速发展的蜜芽，因为蜜芽在 2015 年的销售额是 2014 年的七倍，达到 25 亿的规模。那一年蜜芽正处于 D 轮融资阶段，一电商巨头表达了投资的意愿。蜜芽管理层立马开会讨论要不要拿对方的钱，会上几乎所有投资人都觉得这个机会难得，一定要抓住。

但当时我记得我是犹豫的，拿别人的钱好拿，但是拿完之后怎么办？我当时分析过，为什么大家觉得蜜芽如果不接受他们的投资就会危险呢？是因为作为竞争对手，我们不知道对方未来会对蜜芽造成什么样的竞争威胁，而且在投资消息来之前，蜜芽曾和对方有过几次关于母婴产品的价格战，明明暗暗，彼此心里都清清楚楚，也都坦坦荡荡。但我不怕竞争，再大的竞争来了，应战便是了，没有什么好恐惧的，竞争本身不是令人恐惧的，恐惧的是未知。

　　这里对于未来的未知感让人觉得恐惧，坦诚来讲，我不知道电商巨头投了钱之后会对蜜芽做什么。毕竟两者都是电商平台，仍然是竞争关系，而且蜜芽起势相当迅猛，迅猛程度连我自己都吃惊，你不清楚拿了竞争对手的钱，是安全的一步棋还是危险的一步棋。

　　巨头会不会伸手来敲打蜜芽？会不会反过来遏制？如果双方不再是竞争关系，这个恐惧就没有了，我也就不必这么犹豫地去考虑接不接受电商巨头的投资。完全支持蜜芽发展是最好不过了，但是万一，万一呢？蜜芽就像我亲自生出来的一个孩子，任何一点点危险我都不想让它踏进去。

　　而对于一个创业者来说，最大的恐惧也不是来源于竞争对手，更不是外界那些专业风投人士对你的预测和评估，而是来源于自己内心对未来的未知。你得和这些未知、这些忐忑做争斗。我记得同一天中，我的办公桌上出现了两份合同，一份上面是电商巨头大佬的名字，一份上面是百度李彦宏的名字，我真的不知道要选哪个才好。因为投资人集体认为拿了电商巨头的钱才安全，这个时候我甚至没有勇气去选一条让蜜芽看起来不那么安全的路，所以当时我在选择中感到非常痛苦。

我给自己两个月的时间去考虑这件事情究竟何去何从，我与股东们一次次开董事会，最后还想出一招，鼓励大家都来投投票，支持谁，就拿谁的投资。其实这一招是自我逃避的办法，我的潜台词就是说，既然是你们投的票，选错了可就不是我的事喽。我想利用董事会的决定，逃避这个艰难的抉择。但逃不掉啊，那次会议室里熙熙攘攘，每个人都来贡献意见和建议，在某个时刻你必须把这些人全部赶走，只留自己在广场中央去做这个决定。后来我就想清楚了，大家眼中的安全是避免和大象竞争，但我眼中的安全是让这个孩子健健康康长大，而不是懦弱地逃避竞争。

最后我们没有拿这个电商巨头的钱，而是选择流量大王百度，不存在任何竞争关系，只是纯粹的互助互利关系。2015 年秋天 D 轮融资完成了，由百度领投，红杉资本、H Capital 等上一轮投资者继续跟投，总融资达 1.5 亿美元，是那一年所有母婴电商中融资数额最高的。时至 2015 年蜜芽的估值超过 10 亿美元。

我经历过的难忘的创业经历，不是融资发布会上光荣闪耀的瞬间，不是谈判桌上和投资人的侃侃而谈，这些都是一个创业者应尽的职责、必须完成的使命。使我觉得难忘的时刻，刻骨铭心的时刻在哪里？在那些凌晨结束的会议中，在 23 点起飞的航班上，在四周无人时一个人做出艰难的决策时，还有穿梭在晚班车上的平凡身影，这些才是最令创业者难忘的。

我有个习惯，喜欢深夜坐车回家时，在快要到家的时候留在车上掏出手机写心灵鸡汤，逆流而上的人生没有几百碗浓烈的鸡汤是万万不行的，特别是女性创业者，无论她多么坚强，内心也比男性脆弱，无论她多么善战，她也是偏重感性，很多时候都需要鼓舞。

所以女性创始人从心理上，首先不能被孤独打败，真的是孤独啊！我觉得孤独不是一个贬义词，而是一种中性的状态，就因为你在一个人的时候做了那么多艰难的选择和判断，你一定是孤独的，孤独是企业家身上的烙印和标签，要坦然地面对和接受这个状态。因为你有很多孤独的时刻，所有的决定都是你一个人的决定，你要在很冷静的夜晚，自己一个人做那只破茧的蛾子，既要享受那些炙热的对酒当歌，也要非常享受那些四下无人的长夜，这种感觉让我觉得太棒了，冰与火的交叠，恐怕也只有创业才能恩赐这种非凡的孤独挠心的感受。

人生就像是一段耐力跑，在这个跑道上，没有人可以帮助你！你必须一个人坚持跑完！人们看到的永远不会是你背后的辛酸与苦辣，而是你成功时的鲜花与掌声！创业是非常真实的，在这条路上它需要你每一天都是实打实地去拼，拼你自己的命，拼你的孤独承受力，就像上战场打仗，容不得你半分钟掉链子，如果准备好了，时时刻刻调整好状态应战吧。

俞敏洪说过，我们人的生活方式有两种：第一种是像草一样活着，尽管你活着，每年还在成长，但是你毕竟是一棵草，所以你吸收雨露阳光，依然长不大。人们可以踩过你，但是人们不会因为你的痛苦而产生痛苦，人们不会因为你被踩了而来怜悯你，因为人们本来就没有看到你！所以我们每一个人都应该像树一样地成长，即使我们现在什么都不是，但是只要你有树的种子，即使被人踩到泥土中间，你依然能够吸收泥土的养分，自己成长起来，也许在两三年之内你长不大，但是八年、十年、二十年，你一定能长成参天大树！当你长成参天大树以后，在遥远的地方人们也能看到你，走近你，你能给人一片绿色、一片阴凉，你能帮助别人。即使人们离开你以后，回头一看，你依然是地平线上一道美丽的风景线，树活着是美丽的风景，死了依然是栋梁之材，活着死了都有用，这就是我们每一个人做人的标准和成长的标准。

　　我昨天最新的感悟是："创业是一群人熙熙攘攘的激烈碰撞，它热闹，它闪着理想的光，它吸纳着年轻人的时光年华，但更多时候创业是非常孤独的过程，越是成功的年轻创业者，他身上的孤独气质越明显。你们能感受到我身上的孤独气质吗？"

　　几秒钟就有许多人留言，有人给你鼓励，有人分享自己的创业感受，还有亲密的人会逗乐说：没有，你只有胖。

　　度过了孤独时刻，还是有人陪你同行的。

无所谓女权，
平权才是世界通用的法则

『 女人应该忘记自己的性别，才可以做到无羁绊的状态。 』

在不少创业大会的场合，记者们拿着采访话筒一一访问站在我身边的创业者们："您认为创业中最难处理的事情是什么？""有没有给创业后来者的一些建议？""您认为经营一家公司切忌做的三件事是什么？"……我觉得这些问题问得都非常好，就在旁边支着耳朵认真听同行们解答。等到记者来问我时，刚刚被采访完的创业者和投资人也把目光全部投向我，第一次经历这种备受瞩目的时刻时，说实话心里有点小骄傲，但没想到人家记者话锋一转，笑眯眯问的是："刘总，请问您认为作为一名女性创业者，该如何平衡家庭和您外面的事业呢？"

"我作为一名女性创业者，该如何平衡家庭和我外面的事业？"

我在心里开始犯小嘀咕了，为什么啊？男人创业叫创业者，女人创业就叫女性创业者，为什么要专门强调我是一个"女的"？男人创业叫创业，为什么我做同样的事情就是"外面的事业"了？好像我在外面做了不该做的事情，回归家庭才是一位女性的本质一样。嘀咕完不满后，我望了望仍旧注视着我的听众，又瞧了瞧眼前的采访者，人家在狠狠点头，提示我"您倒是快点答啊"，其他男性创业者也像我刚才一样虔诚地等着答案，仿佛我就该回答诸如此类的问题，我很伤心。不知道其他女性创业者有没有体验过这种感受，如果有的话，来握一握手。第一次经历这种场合，心里多多少少会有些不舒服，经历了第一次，第二次，第三次，第 N 次，也就习惯了，原来大家都有这个嗜好啊，非得把创业者分为男人女人。

我的回答是："平衡？都已经在创业了谈什么平衡？女人要忘记平衡，也得忘记自己的性别，女人和男人同处于商业战场上，只要是战场就不会分男女，数据分男女吗？它不。女人应该忘记自己的性别，才可以做到无羁绊的状态。"

我这样回答完，听的人会彼此对望一眼：刘楠怎么这么不女人？

其实我挺女人的，正因为我是个女人，才不想输。法国心理学家赖朋在《民族进化的心理定律》中说了一句很有趣的话，他说："我们一举一动，虽似自主，其实多受死鬼的牵制，将我们一代的人，和先前几百代的鬼比起来，数目上就败了下来。"现今的中国男性脑袋里，女人的天职是生儿育女，出来创业简直是有违女人的本分，不务正业。

女性创业者，即便你忘了自己是个女的，别人也会提醒你。在公司里，如果你为一个项目进展得不顺利发飙，员工会说：哎呀，今天女老板又到了生理期，闹脾气了。如果男 CEO 发飙，大家肯定不会议论他"闹脾气"。在企业中别人会把女人的特质标签往你身上贴，最可气的是，还骂你是个"女强人"……有些投资人也很"重男轻女"，投个资非得强调"男女有别"，在投资的时候就声明自己不投女性 CEO 的项目，用他们的话说，女性 CEO 靠不住，也比男性更难沟通，情绪化且不能吃苦。我觉得很诧异，也不知道女人比男人少了什么，让他们有"女人做不成功事情"的印象。而靠眼光和数据做投资的人，怎么现在也用眼睛判断性别从业了？

事实上我见过很多女性 CEO 创业成功的实例，她们身上的女性特质恰恰是比男性更容易成功的原因，因为她不会冒风险，女性天生的小心翼翼和敏感的直觉让她避免很多冒冒失失的决策，走得踏实，有耐心和韧劲，除了像男性创业者一样敢闯无所顾虑之外，女创业者的优点能列一张单子，如果把全国创业者统计一下，女人创业成功的比例肯定要比男性高。放眼国外，有加布里埃·香奈儿创办的香奈儿帝国，国内有董明珠创办的格力产业，就连刘强东当初创办京东也是拿了投资女王徐新的 1000 万美元。撇开创业，我们只论男女吧，中国古代神话里开天辟地捏土造人的女娲，不是男神，是个女神。

后来在某次创业者大会上，我就碰到了一位曾声明过不投女性CEO 的投资人。他问我，在融资的时候有没有感到整个创业圈子对女性的歧视，我说没有啊，一点都没有。他反倒比较吃惊，问了好几次"真的吗？你确定？没有歧视？还是你太忙没有感觉到"。我说"至今未感觉到"，其实即便有歧视，我也不想承认。无论如何，你终究管不了别人的歧视和看法，也管不了外人对你设置的阻碍，有歧视只能忽视，有障碍那就踢开。相比男人的歧视，我更反感那些拿女性的性别去融资的女人。我曾经看到过一篇关于一位女性成功融资的公关报道，报道并没有太强调女创业者的经营理念、企业团队、未来前景，却强调说，这位女 CEO 面容姣好，身段柔软，是不可多得的年轻漂亮的女性创业者，为鼓励女性创业者怎样怎样，改善女性创业者的创业环境，特意将钱投给了她。相貌之美当然也算是一种资源，但面容姣好，年轻漂亮，这些和获得融资有什么关系？如果宣扬拿年轻漂亮当创业的资本，只会让整个创业圈子更藐视女性创业者的能力，特别是"90 后"女创业者越来越多，这个问题现在讨论得也很火爆，讨论到最后竟然演变成了"中年投资男人"和"女创业者"，某小部分人做的事情，推演为所有女人出来创业，背后都掩藏着见不得人的买卖关系。

真正自豪自信的女人和男人比起来也应该有丝毫不会差的底气，甚至更为优秀，她掌握全局的能力，运筹帷幄的智慧，风险来时应对的决心，对待企业运营的轻松自如，人际处理的柔软，都有可能胜过一个男人，男女不同的只有行事风格和方式，较之于男女之间的差异，你不觉得差异更大的是人与人的个体差异吗？我跟你有多不同，她跟他有多不同，跟性别无关，跟我们的成长经历，跟我们的品格，跟我们的见识，跟我们自己内心对我们自己的要求有关，它们比性别的差异大得多。

应该把性别的边界模糊掉，实现一个男女平权的创业环境，竞争不再有男女之别、男女职责之分，也应该像职场一样，男男女女处于平等竞争的状态，不再有对女性的歧视和障碍，女人本身也应忘记自己是个女性的劣势，更不必因为别人给你贴上"女创业者"的标签就去捞取不费力气的"女性红利"，如果你真有能力，这些带着代价的红利早早晚晚都会跑到你手里，经历一些波折和弯路，未必是件浪费时间的坏事。

　　一百年前第一批出来工作的女人，她们靠自己的能力吃饭，当打字员，当女秘书，当女家庭教师，职位初级不说，还不会被传统的社会看作自由独立的新女性，而被当成女性中的异类、少数群；但一百年过去了，女人可以当科长、部长、企业 CEO、国家总统，这在一百年前是做梦都想不到的事情，不光职位上女人也可以管理男人，而且女人工作的人数，也和男人平齐。我不是一个女权主义者，只不过深信早晚会有一天，对女创业者的歧视会消失，创业领域的男女平权时代会到来，女创业者和男创业者同样多。原因很简单，时代在进步，被束缚过的女人，迈出的步伐一直比男人大得多。

接受自己，宽容自己，
不完美又怎样

『你不必做个完美的人，接纳不完美的自己才是要学习的本领。』

近几年，随着互联网从 PC 端跳到了移动端，我们的生活也掉进了一个公众号掌权的大井坑时代，觉得信息开放了，实则是困在了局限的思想中，一个女人接触的信息 60% 来源于公众号，10% 来自聚会聊天，只有 10% 来自阅读。比这种现象更可怕的是，女人所关注的公众号中，有一半在卖东西，另一半在教你"如何做一个完美的女人"。

这个现象其实是比较有趣的，为什么很少有人对一个男人提"教你如何做一个完美的男人"呢？可能男人比较自我，他不需要你去指点。女人，就容易钻进由不成熟的完美主义虚构者搭建的陷阱。比如说，如果你是单身人士，它会建议作为一个女生，你应该让自己漂亮一点嘛，每天早起一个小时化妆，再花一个小时健身，每周抽一天的时间学习茶道和插花，而且趁年轻千万要去旅行，最好在一个异国他乡待上半个月，发现生活的不同可能性，这样的单身生活才完美。如果你已经结婚了，它会时时告诉你亲子关系太重要了，每天你必须花几个小时陪孩子，陪孩子学诗词弹钢琴读绘本，做个有责任心的完美妈妈。还有人讲，幸福家庭的秘诀是夫妻关系至上，两性亲密的夫妻关系比亲子关系还重要，无论如何你要做个完美的妻子，陪着丈夫怎么样怎么样……做个完美的单身女人，做个完美的妻子，做个完美的妈妈。一瞬间，一个好好的活生生的人被简单量化为一个个的"完美体"，但是可笑的是，你把文章里提到的时间加起来，哪怕一天用 24 个小时去完成也完全不够实现那些信息中所谓的"完美"。

太多文章，太多声音，太多陷阱，需要你去屏蔽、防范、绕道走，因为这世上本就没有完美之人，要求你做一个完美人的调子极度危险，我们喜欢被别人和自己幻想的完美准则捆绑住，不愿意接受不完美的自己。事实上，不完美的自己才是美的自己，她有缺点，有丑，有不足，当我们接受了不完美的自己之后，自然而然就有了相对自由的状态。

我也经常遇到一些举着"完美主义"大牌子的人来要求我做个完美女 CEO。

记得有一次采访，在最后的互动提问时间，他们问我在闲暇时间里，喜欢用什么样的方式放松自己。我坦诚地说，我最近采用最多的一个休闲方式就是盯着屏幕看别人吃冰镇小龙虾，吃韩国泡菜拉面，吃超大的比萨……也就是许多直播当中的"吃播"，我非常喜欢，觉得很接地气，并且能够帮助我了解到生活当中的许多侧面。

当我这么说完之后，发现主持人一脸吃惊地张大了嘴巴，身子还特别明显地往后躲了一躲，用一种防备的姿态好像是在重新审视我。他们觉得完全不可思议，看吃播太不符合女 CEO 的形象了，你怎么能够告诉别人你喜欢用看吃播的方式休闲呢？！在他们的想象中，刘楠作为一个估值百亿公司的掌舵者，肯定是天天踩着高跟鞋，在会议桌上挥斥方遒，不工作到凌晨不回家，这些确实都是家常便饭，但他们就是接受不了我半夜 2 点还捧着个 iPad 在 bilibili（视频弹幕网）上看"吃播"的这个事实。

可能看吃播对于一个女 CEO 来说格调显得不够高，按照外界对我的设定，放松的方式起码得是飞到法国、英国喂喂鸽子再回到会议桌前战斗，才符合外界对我女 CEO 的固有"人设"，这是让我觉得相当郁闷的事情。但是对于我本人而言，看吃播的的确确能让我感到放松、平静、坦然，真实的我也是这么一个没有形象地热爱着生活的人，我坦然接受了这么个刘楠，也爱这个以快乐为最大，一边看吃播一边傻笑的刘楠。

我们女性身上往往很容易背负各种各样的包袱，有些甚至是自己主动背上去的，包括创业了还要强制自己平衡工作和家庭的关系，完美妻子，完美创业者，这也是其中的一个包袱。这么多包袱堆积在一起能赶上十层楼高了，我们真的不能一一都背起来，会累死人的。每个人都不完美，接受自己的不完美，其实是放下别人给你的所有枷锁的第一步。

当你知道自己是不完美的，你才能知道什么事情在现阶段对自己最重要，才会有选择性地去处理这些事情，而不是根据某篇文章的提议就不顾自身环境及条件地头脑一热就去插个花了，就去旅个游了，就去对着镜子练习微笑了……当你尝试做完这些的时候，你会发现并不能改变你太多的生活状态，反而是浪费时间，而这个时候你就会恍然大悟，这些都只是完美主义者构想出来的假象。

　　我们人生所有的阶段，其实都是一次"抓大放小"的选择过程。在我创业的这几年时间中，对于我个人而言我觉得工作是最重要的，那么在我的下一个十年，会不会就变成了家庭最重要呢？都是因人而异因情况而定的。我不知道大家的选择是什么，还请大家自己去排列排列，别因为别人口中的"完美"而去分散自己的精力浪费自己的时间。

　　我认识一个很不符合完美标准的姑娘，可是她活得那叫一个精彩和有趣，每个见到她的人只要聊上三句，立马就会对她产生兴趣，再多聊一会儿简直就要爱上这个姑娘了。因为在这个女孩子身上有一种纯天然的野性，这种野性不是说有野心和心机，而是自然、坦诚、真实。我记得有一次我们在东直门碰面谈一些事情，那个时候正值冬天，天气特别特别地冷，住在西城的她匆匆忙忙赶了过来，穿着一件长款羽绒服。我们都已经开吃了，她拉羽绒服的拉链拉到一半卡住了，她在那里用力拉了半天还是拉不下来，结果你猜怎么着？这个姑娘当着众人的面，她直接将羽绒服像脱裤子一样从身上脱了下来，脱完之后她把羽绒服甩给服务员捋了捋头发，说了句："我的娘啊，终于可以吃饭了。"

　　桌上有熟悉的朋友，也有不熟悉的下属，那是一个工作性质的聚餐活动，她这一举动瞬间让所有人产生了亲切感。但餐桌上一个和她同等级的人建议她以后要多注意注意自身形象，她当时说了一句话，我特别赞同，她说，女人一定要学会对自己宽容，别拿完美要求自己，你不必做个完美的人，接纳不完美的自己才是要学习的本领，不完美的自己拥有无穷的宇宙能量。

人越是自信了，越容易抛开完美主义的包袱，成长得经历这么一个从高到低，认清现实后，再从低处慢慢爬到高处的过程，而不是一开始就背着包袱把自己抬到高处，中间没有任何奠基。中了完美的毒，你也得反思自己是不是不踏实，你去看那些成功的人，他们往往很真实，就如阿里巴巴创始人之一的彭蕾曾经说过，指导她行事的标准是"非凡人以平常心做非凡事"。"非凡人"，指的是：聪明、乐观、皮实、自省。"平常心"，指的是保持平凡人的心态，这里的平凡人破了完美的幻想。

接受不完美的自己是需要一个过程的，现在让我回过头看创业前的自己及经历，我会发现那时候的自己就是太简单了，非常理想主义，背着挂有完美牌子的包袱——高考状元，北大毕业，进外企工作，坐着舒适宽敞的办公室，拿着外国人的钱。在我内心深处是不太肯卸下光环做个平凡人的。

开淘宝店后，低头打包包裹时我觉得自己就是个卖纸尿裤的，但心里很踏实很幸福，融资创业为蜜芽重新定位后，我也把自己放得很低，自己就是一个"卖货的"，但却是有追求的卖货的——帮助妈妈们去选择更适合自己的产品，去提高生活品质，让消费变得更省钱、更省心、性价比更高。从而让蜜芽成为有温度、有力度的品牌，成为优质生活的引导者。

蜜芽的发展过程中我也在学着坦然，坦诚面对自己，坦诚面对消费者。蜜芽是家新电商，发货一定有体验问题，但你可以看到它在慢慢改进和调整，如果凡事做得调子太高，不仅对企业是成本，消费者也觉得你假。"80后""90后"的妈妈们有一个特点，她们喜欢真实、人性，由此某个banner（横幅广告），我们的设计师没灵感，我就对我们的设计师说，你就画个草图，说没人做，做不出来，结果谁也没料到这个"坦诚的banner"带来了超高的点击量。大家都喜欢真实坦诚。在蜜芽内部年会上，我跟同事说，未来的十年蜜芽都将是一家创业公司，在做不到的地方就要勇于说做不到。我是一个女CEO，一直到今天我仍然觉得自己离完美差得太远。

接受自己是一个不完美的人，其实是放弃别人给你的所有枷锁的第一步，这个过程可能漫长也可能纠结并且痛苦，所以从一开始就不要试图让自己成为一个完美的人，因为这只会成为枷锁，牢牢地捆绑住自己，最后只会苦了自己、累了自己。

2017 年 3 月 8 日是蜜芽官网上线三周年的日子，我把这样一段话送给自己：希望你有高跟鞋也有跑鞋，喝茶也喝酒；希望你有勇敢的朋友，也有牛 × 的对手；希望你对过往的一切情深意重，但从不回头；希望你对想要的未来纵情执着，但当下却无急迫神色。希望你特别美，特别敢，特别温和，特别特别。

在这里，也把这段话给接受了自己不完美的你。

职场之路，
是一场勇气满满的人生修行

『 责任，这是作为职场中人的首要素质，是对待工作应有的态度。 』

　　微博上经常有朋友给我留言，说："刘楠，你在职场混得风生水起，能不能给我们这些小白领一些工作上的建议啊？"

　　身处职场，首先要摆正心态。职场小白最重要的就是学习，一门心思放在工作上，"天下难事必作于易""不积跬步，无以至千里"，都是身处职场乃至为人处世的精要。人世间没有一学就会的东西，也没有学不会的东西，心在哪里，收获就在哪里。在工作和生活中，设定自己的番茄钟，养成每日精进的习惯，才能一步步走得更远。

　　避重就轻，趋利避害是最容易的事，也是人类固有的本能。有压力的地方，就有逃避。同理，需要责任感的时候，势必会有退缩。

当在工作中需要面对责任时，人似乎自然分成了两种。一种人，压力大到无法承受，或手足无措，或故步自封，更有直接逃跑的；另一种人，视压力为动力和机遇，激励自己，找到解决方案，力争完美解决。

责任，这是作为职场中人的首要素质，是对待工作应有的态度。对有些人来说，是工作选择了自己，而不是自己根据兴趣和意愿选择了工作。在一定程度上，工作只是谋生的一种方式。但不管是以一种什么样的心态来到这个岗位，也不管是否对自己的工作有兴趣，只要是自己的工作，就应该责无旁贷地去完成，且完成好。有一段时间，媒体常常用 all in 来形容创业者。其实对于任何一项工作来说，当你对工作充满责任感时，你便会把爱与热情注入其中，就会积极主动地去应对工作中的一切，并把它当成一种乐趣，工作对你来说不再是一种负担，而是享受。一个享受着自己工作的人，怎么可能懒散敷衍？

除了责任心，在职场中，我们还需要具备怎样的品质呢？自信。这一点，女性普遍缺乏。同样的工作岗位，同样的工作能力，面对同样的挑战，男性的第一反应通常是"我要抓住它"，而女性的第一反应是"我能不能抓住它"。我们之前有一个特别厉害的女同事，是公司的销售冠军，那么能干的一个姑娘，知道自己怀孕之后的第一反应，是给我发邮件，说不知道自己生完孩子之后，还能不能赶上公司的进度。我当时非常震惊，想了又想，最后给她回了一封邮件，说只要她想赶上进度，就不可能赶不上。这一件事情可以反映出很多问题，最大的问题就是，女性会因为性别、生育等原因而不自信。从那之后，我特别注重我们公司女员工的信心建设问题。

很多女性因为生孩子这个问题，会把自己这两年的职场规划为"混过去"。我问过很多女孩子，未来这段时间打算怎么办，得到的反馈普遍是："反正今年先把这两个项目干完，明年我可能考虑要个孩子，生完孩子以后再看要不要换工作。"

这是非常常见的一段对话，我却觉得困惑，为什么大家都认为生孩子这件事情跟职场发展是对立的呢？这个预设本身就是不对的。比如今年计划把这两个项目干完，明年再争取拓展十个项目出来，如果要生孩子，那么明年就是非常有挑战的一年，我希望我的家人支持我，也希望老板支持我。在这段时间里，我依然会提升自己。等生完孩子休完产假，依然还能赶上进度，甚至比以前做得更好。这才是我喜欢的女性该有的样子。生孩子对于职场女性确实是有挑战的，但是在任何情况下，都不要把它与工作对立起来，除非你下定决心做一辈子家庭主妇。

　　但其实要做到这点是很难的。每个人的精力都是有限的，孕期身体真的会很不舒服，生孩子也真的很辛苦。如果你有着远大的目标，对事业有野心，那么在休产假期间，一定要好好规划自己的生活，不要让自己的精力完全被新生儿占据。在照顾宝宝和恢复身体状态的同时，不要停下学习的脚步。这样回归职场的时候，就会无缝衔接、平稳过渡。

包治百病:
不要错过那些让你快乐的东西

『欲望有大有小,但绝对没有对错之分,重点在于满足欲望的途径与方法。』

　　周末没有应酬也没有会议,送闺女去了姥姥家之后,我自己窝在家里花整整一天时间看完了一部 TVB 的电视连续剧。我追剧没有特别多的选择,跟大多数女性一样,喜欢当下热议的电视剧。今天之所以特意讲这部,是因为我觉得它的剧情还挺符合当下的职场环境的。大概剧情就是说一个刚刚毕业的女大学生非常喜欢时尚,并且希望能够从事和时尚有关的工作。有一次她接到一个时尚杂志的 offer(录取通知),邀请她去面试。女主角很认真地打扮,准备得非常充分,眼看就要通过初试,恰巧杂志社的总编经过会议室,透过透明玻璃看了里面一眼,马上让面试官拒绝掉了女主角。

女主角当然不甘心，跑去拦电梯口的总编追问缘由，总编开始并不想理她，奈何女主角不依不饶，于是总编不屑地说："你背的这个包，是 A 货。我们杂志社不可能邀请背了一只假包的员工来上班，因为有损杂志社形象。"女主角哑口无言，她背的包确实是 A 货，几百块买来的，她以为不会有人注意到，没想到被总编一眼识破。

混迹职场的女孩子们，每个人都希望拥有一只拿得出手的名牌包，可能很多人咬着牙攒了很久的钱才买得起；也有些人买来也只是好好地放在家里收藏，等到有需要用来装点门面的场合时，才小心翼翼地拿出来背；还有些人可能会天天背，作为日常包来使用，但是她们根本不会随意放置，哪怕钥匙、小梳子这种容易划伤包包的物品，都不舍得放进这个包里。

想要背名牌包，也许是出于虚荣，但也不完全是。在我的理解里，所谓的名牌其实是一种附属价值，它最终的意义还是服务于人的，它的核心在于带给人快乐。尤其对于女孩子而言，更应该学会享受快乐。我的观点是，职场女性就应该化上妆，背好包，用好东西武装自己，外表看起来精致美丽，心情也会美美的，工作起来也更有动力，更加自信。

首先你要知道什么东西是好的，什么东西是毫无价值的。对于大多数平凡的女孩子来讲，包治百病，买包包会让人感到快乐。起个大早从家里出来，挤上地铁或者搭上公交车，跋山涉水来到公司，开始一天忙碌的工作，这个过程本身是带有压力并且违背人类天性的。而在这个过程中，带着能让自己感到快乐的东西，就好像玩游戏打 buff（增益魔法）或是残血突然喝了一瓶血一样，有一种加持效果。心情愉悦了，工作效率自然会提高。当然，让自己保持心情愉悦的方法不止一种。有人喜欢戴首饰，有人喜欢化妆，有人喜欢收集手办，有人喜欢收藏艺术品。凡是能让自己快乐的东西，都不要错过。

2016 年年底，公司开年会的时候，我一口气买了 25 个名牌包回来，全部都是红色的。我想，既然公司里女孩子这么多，大家也都喜欢名牌包，作为老板，在大家辛苦一年之后，满足一下她们的小心愿也是应该的。我把这 25 个名牌包放在自己的办公室里，奖励给本年度业绩十分突出的女同事们，大家没有想到除了业务奖金，还有这些心水的包包，个个眼中放光，十分开心。虽然是抱着尝试的心态来做这件事情，但效果很好，既让女孩子们高兴了，同时又激励了大家。

如果关注了我的微博，你会注意到，我最初在微博上做的抽奖活动，也是送名牌包。那时候我还没有去参加《奇葩说》这个节目，大家都不了解我，有的人会给我发私信，说蜜芽好"壕"呀，出手就是 LV。我并不是显摆自己有钱或者怎么样，而是觉得关注我的人里面，女孩子和妈妈会比较多，收到一个名牌包，她们一定会觉得特别开心。

有人会说，那些辛辛苦苦省吃俭用只为买一个名牌包的女孩子，就是虚荣。我不认可这种观点，并且觉得这种金钱观很狭隘。首先，人家姑娘是花的自己的钱，你有什么立场对人家说三道四呢？其次，每个人都有自己的爱好。人家喜欢包包、口红，你也可能爱车、爱房子。欲望有大有小，但绝对没有对错之分，重点在于满足欲望的途径与方法。

我觉得在北京，要满足每个人买房的欲望太难了，但是在日常生活中让自己开心一点，还是能够做到的。比如当下许多女明星都喜欢买名牌包，因为这是时尚的证明，名牌包搭配恰当的穿着就是资源，就是流量，就是通告；高管白领买名牌包可以作为奢侈品投资的一种手段，它是有一定的升值空间的；那些缺乏安全感又渴望社会认同的女孩子，认为名牌包能为她们带来关注、尊重和爱；新时代的个性女强人之所以只买名牌包，是因为它有态度，不流俗，高级，随便一个都有尊荣的气质和来历。哪怕是普通女孩子，尽管会让自己更辛苦，但当她终于把想要的东西拿到手里时，一定是非常开心的。

　　所以我说我们要创造各种奖励，一定不能平庸。比如说发年终奖，就发包，年会就拿 500 支口红出来抽奖。我们有一年年会发了一堆最新款的 iPhone，最后所有人排着队在那儿领。发东西可能会额外花费一部分金钱和心思，但是我觉得让大家开心比什么都重要，而且看大家背着我送的包，我自己也会感到开心。

　　我之前还干过一件事情，就是设置团队奖。给一个团队定一个季度目标，这个目标一般都定得比较高，不是日常工作所能完成的，一定得付出卓绝的努力才能达到。比如我们有一个组叫拼团小组，我们给他们定的目标是三个月的时间要做到，每个月新增 10 万名新客户，每个月 3000 万的销售额。他们那个组一开始就三个人，后来变成五个人。如果达成目标就会有 10 万块钱奖金，但是后来想想，发钱的感觉未必好，大家需要更有趣的奖励方法。那我们就不发钱，干吗呢？去旅游！10 万块钱，五个人爱去哪儿去哪儿。我还一直想在办公室里搞一面愿望墙，年初时每人拿便笺写一个自己的愿望，贴在墙上，年终的时候抽签给大家实现愿望。作为一个 CEO，你要想实现你心中的大目标，就得先帮助身边所有的人达成小目标，你成就别人，才能让大家成就你。

我也希望大家在公司里稍微有点休息的感觉，争奇斗艳，那不叫职场，也会让大家非常累。一个真正能让你待很久的地方，其实是你感觉到很舒服的地方，它既能让你成长，也能让你有安全感。所以女同事素颜，我能理解，喜欢化妆我也能理解，怎么着我都觉得挺好。

彼得·威尔的电影《死亡诗社》里，约翰·基汀带学生们去看老照片，然后，在那一面凝固了时间的墙前，他对他们说："这个房间里的每个人，总有一天都要停止呼吸，僵冷，死亡……这些男孩现在都已化为尘土，如果你们仔细倾听，便能听见他们在低声耳语，仔细听，听见了吗？及时行乐，孩子们，让你的生命超越凡俗。"

虽然说了这么多关于名牌包的见解，其实我自己是不太 care（在乎）这种事情的，因为我觉得自己并不需要那么多装饰物傍身，但我特别喜欢好的酒店。每次出差，一旦住上心爱的酒店，我就会忍不住想发个朋友圈，显示定位，或者趁着月色来一张自拍。如前文所言，每个人都有自己的小爱好或者小追求，能让你开心就是最大的价值所在。及时行乐，不要错过让你觉得快乐的事物。

 # Part 4

| 第四部分 |

自我绽放：
做次自己又何妨

Create the World You Want.

从文字到数字，从直言直语到技巧性表达。

我甚至越来越不爱跟人说话，更喜欢独处。

这个过程如此清晰，让我感到不安。

我需要一个地方，不去权衡，痛痛快快地说话。

所以不难理解，

我为什么会被《奇葩说》这样的舞台吸引。

《奇葩说》像我的一场 "游园惊梦"

『这些形形色色的人，在一个舞台上，纵横捭阖地扯，轰轰烈烈地撕，是幸福的。』

2017 年，我作为选手参加了《奇葩大会》，全票晋级。这一整季节目的录制，对我来说是全新的体验，非常难得。说说我为什么去参加这档节目吧。记得《奇葩说》第一季播放到一半的时候，我们市场部的同事说："有一档辩论网综叫《奇葩说》，巨好看。咱们要是投放视频广告的话，可以考虑投给它。你一定要看看。"于是我当天就抱着 iPad，刷了个通宵。一开始，我是抱着商业的目的，结果看着看着，就陷进去了。当辩题出来的时候，脑子里飞快地闪现我的思路，听辩手们辩论时，也不停思考着反驳他们的角度。

然后就是第二季、第三季，一集不落地追完。我喜欢这个节目，喜欢台上的辩手，内心蠢蠢欲动。上中学的时候，我是一个"文学少女"，拿过新概念作文大赛银奖。上了大学，读新闻专业，开始崇尚那种极为克制却有力的文字。当了妈妈后，感情更是细腻得不行，女儿睡着后我能给她写诗，就好像不知道怎么爱她才够一样。

第三季一结束，我就跟同事说，我想去参加《奇葩说》，我想去辩论，我想说真话。他们打听了一圈，告诉我，如果想做选手，米未传媒是不接受任何赞助或植入的，必须经过报名、面试、群PK，才能进入《奇葩说》的先导环节《奇葩大会》，而在《奇葩大会》上，需要马东、蔡康永、高晓松、何炅四票全通过，才能晋级。这还没完，接下来还有两两PK，淘汰掉一半的全票选手，才能正式上场辩论！

第一次海选，是两个编导面试；第二次，是三个编导面试；第三次的群体PK就更恐怖了。我一进到东七门的会议室，就感觉自己和其他人完全不是一个世界的，他们在谈论gay密，评论谁的鼻子做得更好看……这和我以前坐在广告商席的感受完全不一样。

参加《奇葩说》，像是把我从纯商业的世界，拽去一个更广阔的世界。当然，录制的过程还是挺辛苦的。一大早起来化妆，要录到凌晨1

点。但是在这个过程中，我遇到了很多有趣的人。过去几个月，和这些人的接触成了我"妈妈身份"和"CEO 身份"外的重要娱乐和放松。

有个叫蹦蹦的女孩，穿得"乱七八糟"，梳个脏辫儿，不化妆，但五官极漂亮。还有个叫汪玲露的女孩，非常毒舌，吐槽男人和性。但让人意外的是，她在台下有一个"如花似玉"的男朋友，其实是世俗意义上很幸福的人，为了综艺感去扮演愤怒的大龄女青年，这件事反倒有些幽默。上场前和董婧聊天，她问我来干吗，我回答："我想表达。"其实还应该加个修饰语，我想"痛痛快快地"表达。

蜜芽创业的早期，我经常在微博上写很长的文章，甚至发货箱里，每个月都会更新我给妈妈们的一封信。不少人都是看到这些文字之后，成为粉丝，然后加入我们公司。我还记得第一次见风投基金时，他们不停地问我数字，两个数之间的关系，三个数之间的变量……N 个数背后的逻辑。我被吓坏了。那些聪明的大脑，处理信息和数据的速度几倍于我，我感觉到了差距。而做一个 CEO，你的大脑必须是这个样子，如果还不是，就请立刻开始训练自己。

从文字到数字，我努力转变。我要求大家用 Excel 汇报工作，甚至能一眼看出几行数据之间的矛盾，然后揪着不放。我的大脑转速越来越快，而几乎与此同时，我的文字能力开始退化。更让我难过的是，当我不再是我自己，我还代表一家公司时，我越来越不敢表达自己真正的观点。怕给公司招黑，也不想给同事们惹麻烦。我曾在公众号里写过一篇《最不实用的婴儿用品》，里面提及的几个品牌甚至找上门来，说我影响了他们的销售。很多时候，我不得不把真实的想法隐藏起来，说一些"正确"的废话。

从文字到数字，从直言直语到技巧性表达。我甚至越来越不爱跟人说话，更喜欢独处。这个过程如此清晰，让我感到不安。我需要一个地方，不去权衡，痛痛快快地说话。所以不难理解，我为什么会被《奇葩说》这样的舞台吸引。娇嗔着讲道理的马薇薇，娇嗔着不讲道理的肖骁，强逻辑却轻松灵巧的邱晨，感觉后槽牙都在撕人的范湉湉……这些形形色色的人，在一个舞台上，纵横捭阖地扯，轰轰烈烈地撕，是幸福的。

"'剩男剩女'找对象，该不该差不多得了"那期，我当时听了其他辩手的话后，在演讲中穿插了许多精心设计的段子，当我信心满满地看着观众说："我们这帮人在大学考那个高等数学的时候，考到 80 分都很牛 × 了，怎么找起对象 80 分都不行了呢？"说完之后我故意停下来，等笑声。然而台底下的观众，包括台上的选手和主持人，都愣愣地看着我，没有一个人 get（领悟）到那其实是我设计的一个笑点，整个演播厅一片安静。

我当时特别诧异："欸？你们不觉得好笑吗？"

连抛几个段子都没得到响应，我又停下来问观众："你们是不是觉得我立论像开会啊？"

反而是这个并非提前准备好的"段子"惹得全场爆笑，我当时被笑声包围，也只好无奈地跟着笑了。

最开始我找人帮我写段子，结果不尽如人意，就连我自己看完都笑不出来。于是只好放弃，开始自己设计，准备笑点。那时候因为刚参加节目，并不能特别理解观众们的笑点在哪里，准备的时候我觉得我想的那些段子都挺好笑的啊，但观众并不买账。那时候我的感觉反而是有一种久违的新奇感和征服欲，我在 CEO 界已经算得上 top 幽默的了，没想到到了这个场，根本行不通。

还有一件印象很深的事情是，在我录完节目看回放的时候，看到视频上有弹幕评论说："刘楠说的话，道理都对，但我就是不想听。"

那时候我就在想，会有人听得懂我在说什么的，也会有人喜欢我这种慢慢讲道理的表达方式，我可以吸引这一批人。而我要做的就是快速找到自己的定位和节奏。

回想起第一次参加完节目，有人私下跟我说我表现得太"盛气凌人"了，后来我自己思考当时为什么会表现出那一面来，还是和最开始的定位错误有关系。那场导见会，和我一起的选手，有的确实很奇葩。坐在他们中间，我是蒙圈的。在我以前的话语环境里，我说那些话都是 OK 的，不会不讨喜。在那次导见会之后，我突然发现这里不是创业圈，没有人必须听我说话，而我能够做的就是，靠观点和语言魅力吸引大家。

于是我快速地退回原点，放下自己熟悉的 CEO 身份，开始了一场"变形记"。我开始减肥，计划每次录像都比上一次瘦一点；也观察其他选手的表达方式，像海绵吸水一样学习新的语态和舞台风格。

伴随着《奇葩说》第四季的播出，我微博上的粉丝从之前的不到 10 万涨到了 76 万。参加《奇葩说》之前也有所谓的"粉丝"，但大多是利益关联者，要么是想合作，要么是拿我当创业明星，想来取取经。而《奇葩说》带来的粉丝让我觉得非常惊奇和新鲜，怎么会有人，和你素不相识，无缘无故，就单纯地喜欢你呢？我通过微博和粉丝们互动，回答他们的各种提问。其中有找工作的，养孩子的，还有创业的，等等。也有很多人希望在微博上和我辩论一把，非常有趣。

这些粉丝让"网红刘楠"感受到了不一样的压力。《奇葩大会》播完，好多粉丝私信跟我说，他们一直想辞职，听完我辞职的故事，他们决定辞职了。我吓了一跳。当我的言论经过传播，对他人的个人选择产生影响的时候，我产生了巨大的心理压力。我赶紧发微博，劝大家不要轻易辞职。而且让我没有想到的是，《奇葩说》结束以后，很多人会在街上认出我，要求和我合影。也经常听同事说，今天面试的候选人之所以想来蜜芽工作，就是因为刘楠在《奇葩说》上给了他们很强的正能量，让他们感觉肩上添了更多的社会责任。

回到一切开始前的那个夏天，我明明是带着商业目的去导见会现场的。观察、学习，像完成一笔订单、一个任务。直到后来我被节目中的情感和观点包围，被身边一个个真实努力的选手打动，开始以选手自居，跟大家一起哭，一起笑，一起熬夜，一起咒骂写不出的辩论稿。创业是一份孤独的工作，当你的思维里只有报表、项目时，其实你会很希望能有机会扎进人堆里，感受生而为人的情感。而《奇葩说》像我的一场"游园惊梦"，在那里的感觉如梦似幻，身在其中，放松、舒适，非常享受。

创业圈内的"交友法则"
——秘诀是自我成长

0
2

『 你的资源决定了你能置换的资源，你的层次决定了你交往对象的层次。』

　　每一个圈子都有每一个圈子的交友法则，比如热带森林中猴子与猴子之间打招呼的方式就和大象不一样，创业圈子的交友法则就是不要去交友。因为在创业圈子里，大家打招呼的方式不是语言，而是资源，能够帮助对方获取利益的资源。我在念书的时候也曾为"社交"所累。在聚会中遇到一些人，明知道他们在未来能帮到我，但自己又不是那种因为别人能帮到自己就主动热情的人，想让自己"获益"又不知道如何维护关系，假如真的热情迎上去又嫌自己太功利的矛盾心情一度困扰着我。最后我跑去问我的老师："您说怎么能够让自己变得积极主动，从而去维护好未来可能有用的关系呢？"

我的老师说了一句话，像高僧一样一下子点醒了我，他说："可能有用就是暂时还没用。"这句话如同闷热的房间里刮进一股凉风，让我顿时清醒了。从此以后，凡是遇到比我更成功、更有名气和资源的人，我都不会盲目地"贴上去"。

抱着功利心态去社交，基本不会有好结果。特别是在创业圈里，大家都是功利的，"交往"的形式之下其实只有"交换"，而采用社交的方式去实现交换的目的是极其低效的。倒不如坦坦荡荡做个商人，直接和对方谈判。坦诚以"利"相待的人，往往是对你真诚、不耍手腕的简单的人。

如果打着交友的幌子，请人喝几杯茶、吃几顿饭、打几次高尔夫球，像打太极似的，让人家陪你绕来绕去，等茶喝完饭吃完，你伸出一只手，说："兄弟帮帮忙，我的某个项目需要你……"所谓的社交还是回到了谈判和交换上。你以为自己很聪明，很善于社交和搞关系，其实对方可能会对你敬而远之。在大部分人眼中，如果你没有对等的资源，仅凭几顿饭就想从别人那里换取你想要的东西，这跟空手套白狼没有多大区别。"你是你身边最亲密的六个朋友的平均值"这句话，被很多人奉为真理。我最初对这句话的理解，是表象的。是朋友的财富平均值，或者是成就的平均值，甚至是"智商"的平均值。

似乎说的是人以群分，物以类聚这个道理。

但这句话真的正确吗？我不得不产生了疑惑。直到有一天，我终于明白，其实是性格和价值观的平均值。你身边最亲密的人，他们的思想高度，他们看待事情的角度，他们的生活态度，以及性格中的闪光之处，乃至价值观，都会对你产生潜移默化的影响。时间久了，你们越来越像。这些无形的东西，正是能带领你和朋友走得更远的财富。

我有一个同样创业的朋友，他从 2014 年末开始创业，短短几年内公司做得相当不错。他常常作为创业成功的代表参加各种创业分享论坛，每次论坛结束，都有很多天使轮的 CEO 加他微信。有的隔段时间就发几条祝福短信给他，他看到后却想不起来是谁；有的在他发的每条朋友圈下面点赞；有些行动力强的，就如我上面所说的"喝茶派""吃饭派"，会主动邀请他去高档餐厅吃饭。一顿饭吃完，也不说要干什么。连续吃了五六次饭后，对方才说自己有个朋友要在他那边上架一件商品，想请他让让利……

我听到这个故事后，笑了好久，然后对我朋友说："你还挺有耐性的。"不过这种"社交依赖症"患者相当常见，他们用几顿饭、几杯茶跟你建立关系："我们是朋友哦，有什么事情你得帮我哦，而且千万不能谈钱哦，谈钱伤感情啊。"请问，感情何来？这些表面上需要很多很多朋友的人，需要的其实是大批大批能帮他的人。在创业圈子，没有人甘愿为了"友情"而牺牲利益，创业圈子也不是寻找友情的地方。

还有一些人就更神奇了，加完微信打声招呼就消失了，突然有一天跳出来说："× 总，能不能在您那边……"

这里又回到了圈子的问题。前面说猴子和猴子打招呼的方式与大象不同，创业圈子的社交方式也完全不同于官场、学校等场合。创业就是创业，它本身就是一个功利的场合。别人的价值远远高于你，你想见的人就很难见到。你强大了，有了更好的资源，自然而然，来找你的人会比你想找的人多。所以，抬脚去"社交"之前，要认清一个事实，真正有效的社交建立在资源对等的基础之上，你要先低头看看自己是否有足够的资源能够帮助别人。

如果能，你可以花时间去社交，交一些同等级的朋友；如果不能，就先踏踏实实储备社交资本。有一句话说，"你若盛开，清风自来"，人与人的交往也是如此。它其实是你与自己的较量，你的资源决定了你能置换的资源，你的层次决定了你交往对象的层次。当然社交也不完全是功利性社交，也有情感联结的社交，前提是你要清楚自己的目的，是想寻求心灵相通的朋友，还是想为自己寻找资源。而心灵相通这种情况，也并非是寻来的。

真正会玩社交的人，从来不轻易把时间花在外在的社交上，而是将分分秒秒灌注在自我成长上。我曾经遇到过一个很优秀的年轻互联网创业者，在某次创业者聚会上，我们简单地打了招呼，互加了微信，从此之后再没有联系。但从他的朋友圈可以看到他的事业很有起色，做得也很扎实，从十几人的小团队到五六十人的大团队，又开始研究一些特别优质的产品。有一天他来找我，直截了当地把他能提供的资源和让利点摆出来，问我能不能与他合作。我觉得很有意思，这种简单直爽的人很难得，当场就敲定了合作方案，后来的整个合作异常顺利。在商言商，是极好的精神。

我把人分为复杂型和极简型。从社交方式上，你也可以判断一个人的独立性和心智成熟与否。录用一个应聘者，得判断这个人是否能独立展开一个项目，能否为公司创造价值，简单说就是"能做事，不作妖"。当我遇到一个管理能力不错，自我约束能力也不错的应聘者时，如果他同时还是一个复杂型的人，我会立马把他淘汰掉。相对而言，我宁愿选择一个专业能力稍微欠佳，但做事方式极简的人。

其实很多人会在不知不觉中痴迷于复杂的选择，在面对问题的时候，他们会绕很多弯路，结果经常不了了之。因为对事情没有把握，外部没有砝码，内心没有底气和信心，才会绕来绕去，不去真正地解决问题。

还有个有趣的现象，这些复杂型的人往往以利益为目的，却最不愿意谈利益，因为他没有多少利益让给你，只能玩其他花招。说到底，还是内心不够独立和成熟。

极简型的人是真正成熟的人，他会把一切看得透透彻彻，对手中的事情有把握、有信心，也明白用简单的方式去解决复杂的问题是多么珍贵的能力。

这种人最为宝贵。一个独立成熟的人不会浪费别人的时间，也知道在创业大潮中最重要的事情是投资自己，不会将希望寄托于别人。这种自知之明，相当难得。

　　抛开创业圈不谈，在日常生活中，在不涉及利益的情况下，一个简单坦诚的人，也比一个复杂的人更受欢迎。

　　还是那句被用滥了的话：做好自己最重要。记住，你得把赌注押在自己身上，才能选择身边的人是谁。

要么拥有很多爱，
要么拥有很多钱

『浪漫终究需要回归现实，钱能让爱情浪漫下去。』

在我的金钱观里，我一直非常理直气壮地觉得，钱和智慧一样，可真是好东西。

耶路撒冷希伯来大学的历史系教授尤瓦尔·赫拉利在《人类简史：从动物到上帝》中分析了钱这个东西的产生，他说，钱是人类想象得最成功的故事，是唯一一个人人都信的故事，是人类之间最好、最高效的互信机制。

不论是科学的发展还是建立一个帝国，它们能够迅速崛起的背后都因为潜藏着一股特别重要的力量：资本。要不是因为商人想赚钱，哥伦布就不会抵达美洲，库克船长不会去澳大利亚，阿姆斯特朗也没办法在月球上跨出他那重要的一小步。所有人类创造的信念系统之中，只有金钱能够跨越几乎所有文化鸿沟，不会因为宗教、性别、种族、年龄或性取向而有所歧视，有了金钱作为媒介，任何两个人都能合作各种计划，也多亏有了金钱交易制度，让人就算互不相识、不清楚对方的人品，也能合作开展各种贸易和产业。比起语言、法律、文化、宗教和社会习俗，钱的心胸更为开阔。

2013 年我的小淘宝店做到了四皇冠，有人在后台联系我想以"大价钱"收购它，当时我的第一想法是很惊喜，竟然会有人注意到我的小淘宝店，但是接下来我面临一个重要的选择，到底卖还是不卖呢？那时候我开始迟疑了，对方开的大价钱对于那个时候的我是个极大的诱惑，如果卖了它我完全可以轻松很长一段时间，但是卖了它之后我自己又能去干什么呢？等女儿大一点再去外企上班吗？是钱把我推到了一个岔路口，就在我想不明白的时候，我下定决心跑去找了徐小平老师。他老人家在我心中相当于一位无可替代的精神导师，我认识的很多北大同学也把他当作精神导师，他身上最吸引人的地方就是总有一股浇不灭的热情。虽然在事业上徐老师已经取得了很大的成功，但他对年轻人却一点架子都没有，如果你有机会听他演讲，也会立马被他超强的人格魅力所吸引。徐老师本身是学音乐出身的，却走上了创业这条道路，他一说话整个人就像在指挥一场维也纳交响乐一样，既统领全局又指挥自如，特别有意思。中国也很少有像他这样的人，成功了还俯下身去支持一无所有的年轻人去实现在别人看起来荒唐不切实际的梦想。就在我选择开淘宝店的那年，他联合新东方另一位联合创始人王强老师创立了真格基金，旨在鼓励青年人创业、创新、创富、创造，简单点说就是创钱。听说在他国贸的家里，每天都有不少年轻的创业者登门拜访，他也亲自见证了不少年轻人仅凭一腔热血和梦想，却迅速从一无所有成为亿万富翁，又反过来为其他年轻人创造了千百个就业机会。找徐老师之前，我是一点创业的念头都没有的，全是因为那笔超出了我最初开淘宝店经营理念之外的钱，所以非常想让我的精神导师指点指点"要不要因为钱卖掉淘宝店"。

我在北大做学生活动时曾经和徐老师有过接触，但仅仅限于一场活动的接触，甚至连他的联系方式都没有。在我下定决心找他之后，我通过我们北大的校友会秘书处才找到了徐老师的电话号码。要到联系方式仅仅是第一步，我该如何开场？该如何表述我的实际状况和我的想法初衷？徐老师会不会回复我？会如何回复我？我想了许多许多。那天我写了很多遍短信，写完删，删完写。

接下来就是和徐小平老师的接触，以及拿到蜜芽网投资的过程，和大家在本书的开头看到的那样。

　　然后徐老师真的给了我 100 万元的搭桥贷款，并带我见了险峰长青（K2VC）的创始人陈科屹先生。然而见到这笔钱之后我立马安排好淘宝店的生意，然后决定来一场"出逃"，我带着女儿去度了个长假。在五个多月的时间里徐老师还穷追不舍，发了大量的短信给我，例如"拿我的钱试一试闯一闯""年轻人应该敢去闯更大的事业啊""时间过去了就没有了，我很看好你刘楠，你是个前途无量的年轻人"，这样的鼓励是我一直没有机会也从来不需要得到的，然而当我看到"前途无量"这四个字的时候，躺在沙滩上一直处于躲避状态的我立马坐了起来，心想果然舒服的日子不适合我，我还是要抓住这个机遇好好地做出我自己的事业来。于是连夜订了第二天的飞机票，我飞回北京拿到了那 100 万——那是我人生中第一个 100 万，也是我从未想过自己会在短短时间内获得的 100 万。没过太长时间我又拿到了 800 万元 A 轮投资，也正是这笔钱使得第二年蜜芽的官方网站正式上线。上线前我跟陈科屹先生说，估计第一个月我们可以卖出去 500 万元，他一脸不可置信地说："你天天跟我说 500 万，500 万，我听你说 500 万听了好几次。"

　　结果令所有人没有想到的奇迹发生了，蜜芽第一个月竟然就卖出了 1200 万。就在一年前，我还觉得 1000 万是天价数字，那是我想都不敢想的数字，而在短短一年之后我的生活就发生了天翻地覆的变化，1200 万成了蜜芽的日常数据，A 轮融资的 800 万成了杯水车薪。那几个月我满脑子都是怎么再去融资挣钱，连夜写了 B 轮融资的 PPT，发给了熟悉的投资人，当天晚上我的电话就被各路人士打爆了，十几家投资基金找我约见面的时间。在拿到了红杉资本领投的 2000 万美元 B 轮融资后，我给朋友徐易容（美丽说的创始人）打电话，我开口的第一句话就是"徐易容你坐稳了，我跟你说啊，我拿到了 2000 万美元的投资"，第二句话就是"好多钱啊"，徐易容在电话那头笑疯了，他一直在笑话我。在经纬、真格和 K2VC 举办的 Chuang 大会上，徐老师问我在最困难的时候，有没有诅咒过他和陈科屹，骂他们两个浑蛋把我逼上了创业的道路。我说如果当时能想到有今天这么多的苦要吃，可能还真就不拿这个钱了。但事实上，苦归苦，正是这笔钱让我体验到了丰富多彩多层次的人生，生命中的每分每秒自己都在好好把握。如果没有这笔钱，我或许会为"大价钱"把蜜芽宝贝淘宝店卖给那位有眼光的投资商，或者继续开着，和其他小淘宝店主一样，每天关注打包发货上新，那么就不可能有现如今的蜜芽，也不会有现如今的女 CEO 刘楠了。

说到底，钱可真是个好东西啊，只要你有了钱，就可以实现很多人生中的愿望，随心所欲做你想要做的事情，甚至可以弥补任何人造成的伤害。也正是金钱推着你一步步往前走，没有钱，别人不会信任你，合作不会产生，产品不会被创造出来。人有了钱，才能够保障自由和独立，才能为梦想开路，甚至有钱人在别人眼中的道德感和好感也会提升，让一个平凡人的道德变得更高尚。别说你不信，问问自己，谁会嫌弃和马云做朋友？

记得亦舒在《喜宝》中借喜宝的口说出了女人的两大需求："要么给我很多很多的爱，要么给我很多很多的钱。"用我的话来说就是，要么拥有很多爱，要么拥有很多钱。不管你信与不信，对于女人来说任何感情的伤害最后几乎都可以用钱和时间来弥补，钱代表着自由和保障，自由有时候比爱情重要多了；钱能帮助一个处于社会底层的人实现阶层转变，不管他是个贫苦农民也好，街头乞丐也罢，下一秒如果有钱了，买一身高档的衣服、一处宽敞的住房，就能换一个环境和身份去生活，人和人之间天差地别，钱是最有能力改变这一切的；钱也能实现整个家族的升级，比如一个农民多种地挣了钱，他去盘了铺子成为个体户，为的是让儿子成为牙医和教师，做医生和教师的人努力挣钱，为的是让孩子能学习艺术搞创作，每一代孩子的接受教育水平都在一层层往上提升。虽然不是全部的艺术家、政治家、教育家都出身于富人，但富人里却容易出对社会有影响力的人，稳定国家中的掌权者也往往是用几代人的财富与教养积累而成的。而且，浪漫的生活再浪漫，没有钱为基础，一切风花雪月都将是饥寒交迫。

毒舌的鲁迅先生在谈易卜生《玩偶之家》中出走的娜拉时说："娜拉走后怎样？"

没有钱的娜拉只有两条路，要么返回家庭，要么卖身依靠他人，要么实现经济独立，也就是说，没有钱的娜拉终究不是娜拉，太丢娜拉的面子。易卜生《玩偶之家》写娜拉摔门而走之后，为什么没了下文？因为娜拉挣钱去了。浪漫终究需要回归现实，钱能让爱情浪漫下去。

钱有太神奇太神奇的作用，大家却耻于谈钱。中国自古重文不重商，现在商业发达了，大家也扭扭捏捏避而不谈钱，谈钱多可耻多丢人啊，谈钱多俗多掉价啊，谈钱的人都是卑鄙小人，无商不奸，事实上呢，那些嘴上骂钱、耻于谈钱的人，才是心里极度想挣钱的人。一个人对谈钱都自惭形秽有羞耻感，怎么能挣到钱？不敢谈钱，怎么去挣钱？钱的背后是什么？不是想象中的无利不往，而是众人的合作与努力，是为他人提供的商品和服务，是个人的付出与劳动，没有钱的人不一定就懒惰，但能创造财富的人肯定是勤奋的人、能为他人提供帮助的人，公益图书馆美术馆博物馆的捐资人都是有钱人，为公共教育事业注资的人也都是有钱人。我的精神导师兼投资人徐小平老师曾经说过："钱是个好东西，人有钱不会消除痛苦，但人没钱更痛苦。"

那么有比钱更重要的事吗？

还真有。那就是挣钱，说得复杂点文学点好听点，就是创造财富。

在创造财富上，犹太人的金钱观尤其值得学习，这个民族和钱一样神奇，他们信奉"生活在这个世界上赚钱是最重要的事"，就连神灵都由金钱掌控着。在这种爱钱如命的金钱观驱使下，犹太人成了全世界人民挣钱的榜样，"对钱财必须具有爱惜之情，它才会聚集到你身边，你越尊重它、珍惜它，它越心甘情愿地跑进你的口袋"。犹太人的人口数量只占世界总人口很小很小的比例，但西方世界的钱却大部分装在犹太人的口袋里，然而唯利是图不择手段的拜金主义者在犹太商人中却少得可怜。千万别总惦记着莎士比亚骂犹太人，没有几个人敢打包票莎士比亚写戏剧不是为了钱，而且没有钱哪有面包支撑他搞创作？钱是人创造出来的，创造需要人与人的合作和信任，心胸狭窄的人难以合作，也就难以挣到钱，真正的有钱人不会做一锤子的亏本买卖。挣大钱不光需要本事，更需要勇气、勤奋、胆识过人、目光远大和智慧，没有哪个民族比犹太人更爱钱，也没有哪个民族比犹太人诺贝尔奖获得者多。

　　如果让我说的话，在这个世界上我觉得最具挑战性和最有趣的事情之一，那肯定就是挣钱了。

与其去做追风少年，
不如瞄准时机迎风起舞

『真正强大的挑战、能够撼动根基的东西，来自内部和未来。』

北大学霸、跨国公司高管、全职妈妈、拥有亿万身家的女企业家……这些角色相互叠加，出现在我的身上。而在参加《奇葩说》第四季之后，我甚至还一度成为"网红"。从全职妈妈到百亿估值的独角兽 CEO，当你把这两个身份放在一个标题里的时候，戏剧冲突很强，但是它非常苍白，漏掉了很多艰苦的成分，甚至也漏掉了一些运气和时机的成分，我觉得这不是很公允。在所有加诸我身上的标签里，我更享受"创业人"这个身份。

最初开始创业其实是误打误撞，我当时生了孩子，加上对自己的工作产生疑惑，于是干脆辞职，做起了全职妈妈。然后我在家里折腾，拿着老公的钱买婴儿产品，越买越发现买不到满意的。海外有很多被收购的母婴产品制造商，我也买过他们的产品，可以说是买遍全球了。在这种情况下，我机缘巧合地创业了，正好遇上了徐老师（真格基金创始人徐小平）和科屹（险峰长青创始人陈科屹）。

我最初的想法是蜜芽宝贝这个品牌的核心在于服务中高端家庭，这个最难伺候的群体。后来当我融资的时候，每次都特别奇怪，我见的所有投资人，算是中国最有权势的人，他们还是要出国去买婴儿用品。这在我看来是非常讽刺的一件事情，我们中国为什么不能有一家企业把他们服务好呢？也就是凭借这个信念，才有了如今的蜜芽，可能因为抓到了刚需，公司才会发展得比较快。

创业者在各自的领域竞争都十分惨烈，但我估计论惨烈和辛苦，电商是第一。

因为电商不仅要做互联网，还要做移动互联网，还要做零售，还要去仓库数货、报货，有太多线下的事情。在这种艰苦的环境下，你要追求快，首先要有一种偏向虎山行的勇气和胆量。

母婴产品这波浪潮从 2015 年上半年开始，3 月份，蜜芽打了场价格战，之后忽然火起来了，各个平台纷纷效仿。我印象很深刻的是我曾经跟一家上市电商公司的 CEO 说："2015 年你们所有人都开始讨论纸尿裤，就好像你们男人真的在乎纸尿裤，真的摸过纸尿裤一样。"

然后他就笑了。

蜜芽无论在行业冷还是行业热的时候，宗旨都是不变的，这个是最重要的。与其带领团队去做追风少年，不如瞄准时机迎风起舞，风自己会吹过来。你有自己的风，有自己的护城河，你就专心去做。上半年做母婴，下半年主抓轻奢，那明年要干吗呢？这样完全是在追着市场走，最终的结果就是，你没有把任何一个地方的根基打深。蜜芽从始至终都是要把母婴产品的垂直电商业务做好，这个是毫无疑问的。

2015 年 10 月 17 日红杉十周年大会，真的是星光熠熠，都是 CEO。我记得周逵当时问我："今天讲电商，下面就坐着刘强东、沈亚，你怕不怕他们？"

我回答："我觉得他们更应该怕我。"

所有在场的 CEO 都给我鼓掌。

2015 年对我来说最重要的是迅速崛起带来的挑战，经过一年高速成长，蜜芽从一个规模较小的公司，成长为一个体量还不错的公司。因为，如果不能经受住这个高增长阶段的残酷考验，再美的故事和再感人的情怀都毫无意义。增长会带来很多甜蜜的困扰，我们也可以称之为挑战。很多人问我怎么看待竞争，怎么看待京东、阿里巴巴、聚美优品，等等。在我看来，真正强大的挑战、能够撼动根基的东西，来自内部和未来。所以，我认为最大的挑战是我们的管理水平怎么能够跟上这个增速，而眼前的竞争带来的只是一些麻烦。

蜜芽最初是由一位妈妈做起来的一个电商平台，所以它很懂用户的需求，很懂货物的本质。但是在公司的高速发展中，单凭直觉是不够的，它需要数据分析能力、财务体系的支撑。所以，我们拿到红杉的投资，正式进入主流电商领域后，已经从一群女人的生意、一群妈妈的梦想，变成了需要真正去流血、去搏杀、去侵略的电商。蜜芽必须转变成一个狼性思维、狼性风格的公司。

开 2016 年目标会议的时候，公司有一位男性高管说："销售这样的事就得男人来扛，咱们公司居然一直是这么多女人在扛，我既为你们骄傲,也感到自己责任重大。"

　　这句话,被我们评为 2015 年最暖的话。有一段话我觉得说得特别好,所以加上自己的思考群发给了同事,我在邮件里是这么写的:创业是一场马拉松,但是目标明确,大家都奔向同一个目的地,为结果负责。多做有多做的风险,少做有少做的安全,但温水煮青蛙谁能无虑?在创业公司,眼睛盯着结果,手上和脚下就必然要不断地调整力度、角度、节奏和姿势,调整就意味着不停地做决定,不停地变化。做决定就意味着要承担责任,而变化就意味着要做额外的沟通,承担额外的压力。在创业团队,所有人都在同一条船上,可能缺乏人手,可能缺乏流程,有的只是默契。那些在自己负责的区域里能够调整身段,自行决策,争取资源,凶猛推进,直至 get things done(把事情做好)的人,才是真的英雄。

　　而上市,其实是一个自然而然的过程,是做公司必经的一个丰碑,但它既不是终点,也不是起点,只是一个延续过程中的环节而已。中国有的公司特别容易把上市当成一个阶段性的终点,所以在上市之前大家就绷着劲儿搞,一上市就放松,我觉得没必要这样。

找到属于自己的铠甲，
女人需要强大的心脏

『 女人最具攻击性的部分，恰恰是她最柔软的那部分，她深爱的部分。 』

男人和女人是很有趣的两极动物，他们身上有诸多不同特质，《男人来自火星　女人来自金星》一书中对男人女人的情感需求和倾诉方式进行了绝妙的分析——男人有问题时习惯陷入沉默，女人则需要倾诉和倾听来发泄；男人想得到的爱是赞美，从异性身上获得成就感，女人则需要照顾、体贴和陪伴来获得安全感；取悦男人要善用感激，取悦女人则需要关心和询问。

几乎每一条，都切中了男人女人情感需求的要点，合上书页之后受益良多。其实在创业当中，女创业者和男创业者也有许许多多的不同之处可待酌味。

不知道大家有没有发现，大多数女性创业者的出发点会是生活中很小的某个点，这个小小的被男人们忽略掉的起点，也许恰是女性创业者心中的小梦想。比如，香奈儿创始人可可·香奈儿，她小时候最大的梦想就是每天能穿上品质简单好看的新衣服，能有精致的帽子可以佩戴，有符合自己性格的香水，后来她就创立了很有风格的服装品牌。

现实中，我有一位女性朋友特别喜欢鲜花，有了资金后她就成立了一家花店；另一位相识的女性创业者，她喜欢住在舒适宽敞的民宿里，于是她在世界各地建造了风格别致的民宿。再来说说我的出发点，我特别爱孩子，除了日常生活中想把所有心思都放在女儿身上之外，还总想着能做些什么事可以把我内心对她的爱抒发出来，后来我发现买东西可以做到，而且一定要买质量安全有保证的东西，于是为孩子买质量有保证的用品就成了我最初创业的动力。

所以你看，大多数女性创业者，其实眼光盯得很短，几乎全部植根于身边切近的需求。她出发时眼里没有男人的雄才大略，也没有男人想要囊括的世界，她只有身边一个小小的点。事实证明，也很少有女性创业者，会选择创立一个像京东、淘宝这样全品类的电商公司，只有男人才会想通吃一切。

　　这也是女性创业者会比男性创业者更容易成功，也走得顺利的原因。因为确确实实基于身边的需求，这些需求不仅是她一个人的需求，冥冥之中也是所有普通人的需求，女人都爱穿新的、好看的衣服，女人都喜欢鲜花和美好的事物，女人都爱孩子如命，当她创立这么一家公司去满足自己身边需求的同时，恰恰已经满足了市场的最大需求。

　　由此可见，女性创业者的起点是小的，她只想实现自己美好的小梦想，出发时不会想到自己在从事一个男人占多数的商业活动。而且女性创业者的目的具有纯粹感性的特征，正如徐小平投资我的时候说，因为看到了我对孩子的爱。是啊，当初除了想给孩子安全有保障的商品之外，我没有其他更大的商业梦想和企图，完全是被盲目的无处发泄的母爱所驱动。但女性创业者身上的这种特质，也使她们的创业暗含了一个失败因素。

　　因为商战就是商战，真正的商战交锋之中会有很多让女性比较惊讶的行为，她那种与世无争的小梦想早晚有一天会被打破，睁开眼看到原来商场不是说你想满足你的小理想就可以了，它的丛林里埋伏潜藏了太多虎视眈眈的竞争者，会有很多意想不到的商业战争要去打。这个时候男性跟女性又有不同的处理方法，男人的理想是"戎马一生，全世界都是朕的江山"，还未等"总有刁民想害朕"的情况发生，男人们便会主动纵横捭阖，使用各种手段攻占别人的城池。但是女性创业者如果不是那种野心勃勃的人，基本不会主动挑起商场战争，如果没有人侵犯到她，她会永远安心于小而美的生活理想。

但是在商业战争中一旦攻击到了她，威胁到她想守护的小小梦想，女性的反击往往也异常凶狠。

蜜芽从 2014 年 3 月以蜜芽宝贝的名称正式官网上线以来，发展超乎每个人的预期，它恰恰赶上了信息流的国际化。"80 后"的同龄人当上了爸爸妈妈，他们的视野不同于"70 后"，对于母婴用品更喜欢国际品牌，蜜芽做的事情就是把国际贸易流匹配起来，从而方便这些寻求质量保证的爸爸妈妈在国内购买，所以一开始上线我们就以进口母婴品牌限时特卖商城为定位，上线第一个月的销量超乎了每个人的预期，每月的盈利成倍翻番。四个月后，为了给客户提供一站式移动购物服务，蜜芽宝贝的手机客户端也正式上了线。一个月之后就连 CCTV 的《新闻联播》都报道了中国垂直母婴电商出现的新的领头羊，叫蜜芽宝贝。也许是我们这只羊气势太猛太快，才被吃羊人盯上了。

在 2014 年 8 月份，忽然有一家媒体连发了三篇负面报道，说蜜芽在卖假货，同时几乎一眨眼间网上爆出使用从蜜芽购买的花王纸尿裤造成小孩红屁股的照片，网民纷纷指责蜜芽在卖假货。我在北大新闻系学了六年新闻，看到报道后简直惊呆了，因为蜜芽的花王纸尿裤从我做淘宝店就开始卖，商品直接从日本厂方购买，中间就过了个海关，怎么会有假货？而且在见到报道之前，从来没有人采访过我们公司的任何人，报道者也没有亲眼见过蜜芽的进货发货流程，就肆意指责蜜芽大部分产品存在假货。卖假货对于电商来说，恐怕是最大也是最致命的攻击，特别是对一个刚刚上线的新型公司。负面报道一出，网络上全是攻击蜜芽的新闻，有些媒体也跟着相继转发扩散，他们从未去追寻这个新闻的真与假，只关注能不能引爆话题，爆点是流量，流量后面就是钱，大家谁都没有心思确认报道的事是真实还是虚假，公正还是不公正，后面有没有操纵者，内幕到底是什么，一家公司刚刚成立就卖假货，它是傻还是缺。看到报道后我关上门大哭了一场，边哭边给投资人打电话。公司刚刚起步，我们把所有的精力放在了业务拓展上，只有一位同事负责新媒体营销，蜜芽连个正规的公关部门都没有。就当你在好好地卖货，拼命地在国外与品牌建立了正规渠道时，有人给了你一棒槌，打得你措手不及，我的第一反应只有哭，也只能哭。

没多久，我收到了一封匿名敲诈信，声称你交钱吧，交钱就能解决危机，一周之内被敲诈 400 万。我心里想这世界到底怎么了？为什么这么卑鄙的手段都能使出来？从毕业到辞职开淘宝店再到拿徐老师的钱融资创业，我还从未经历过什么商战，更没遇到过这种暗中使手段的情况，心里特别特别害怕，完全不敢跟媒体讲，而且那个时候你说什么别人也不会信了，他们信的就是你在卖假货。这件事情让我受到了很大的伤害，我的团队，信赖我的妈妈们，以及我自己对所做事情的信仰，都发生了动摇。

我有一个特别好的创业伙伴，她是我怀孕时认识的妈妈。我们有个属于蜜芽妈妈的微博互动小组，她把自己整个人都沉浸在用户身上，天天在微博上跟蜜芽的所有妈妈互动，不光是卖货，生活中的困难，养育孩子的方法，穿衣服打扮，晋升学习，等等都会讨论，就像朋友一样，毫无保留地提供育儿解决方案。当负面危机袭来时，别人在暗处指挥千军万马的水军抨击蜜芽，我被人唾骂和指点是难免的，然而就是这样一拨善良的、信赖蜜芽的妈妈也平白无故经历了一场虚妄的指责，她们成了蜜芽所谓的假货代言人。水军，其实哪里有什么水军，我们有钱有闲雇用水军，不如多做几场限时特卖。我团队中的人也跟着我承担心酸，团队中有一位妈妈，出事前她刚刚做完流产手术，整个人都处于虚弱状态，我出差从外地飞回北京，飞机刚落地她就打来电话说，刘楠你别回家了，我们讨论讨论该怎么办。虽然心疼她，但是我没有办法，我说好，打车直接去她住的宾馆，我们一共三个人，我，她，负责新媒体运营的同事，三个女人坐在宾馆对着流泪，边哭边和营销人员一起起草公关稿。伤心、怀疑、害怕、动摇，每一天都过得异常艰难，那段时间应该是我经历过的最黑暗的时期，早上笑着跟乖乖的女儿说"拜拜了呀，你今天乖乖的哈，妈妈去上班了啊"，但是那扇门一关上，躲开了女儿的视线，我就开始止不住流泪。

泪流完，你还得重新化上妆，去面对一团混乱。

后来我就想通了，这肯定是同行的竞争对手冲着我们公司使用的手段，为什么竞争对手干这件事情呢？现在中国所有电商没有一家不被质疑造假，消费者"一朝被蛇咬，十年怕井绳"，造假对于电商来说是致命的敏感点，蜜芽卖的又是母婴产品，"孩子用的东西你都造假"更能引起众人愤恨，而且它本身刚刚成立几个月，运营还不完善，在这个时候用造假的新闻灭掉它轻而易举。这个黑心吃羊的人就是想吃掉你这只小肥羊。

事实马上证实了这个判断，当时有人在线上组建了一个专门收集蜜芽负面消息的 QQ 群，从我们的蜜芽圈还有各种母婴论坛上搜集了一些用户，然后在群里跟所有人说，只要提供小孩红屁股的照片就给 100 块钱，如果愿意用自己的微博账号发照片并指责蜜芽在卖假货的话就多给 100 块钱。这下终于能够明白为什么在一瞬间就有许许多多的人跳出来在微博上爆照。

蜜芽的铁杆粉进入了这些 QQ 群，她们截图给我看的时候，我的第一反应觉得这可能不是真的，我知道有人在搞鬼，可这种搞鬼手段实在太冲击人的价值观了，但你不得不哭着相信它就是真实的。我们识破了对手后，就尽量不让自己的心理上再受到任何的影响，怕是没用的，怕只会被吃掉，你要从羊变身成一只狼，带着所有信任你的人，狠狠地打赢这一仗。

因为蜜芽做跨境电商，它的每一批货都走正常途径从海关进出，当载有花王纸尿裤的集装箱从日本起运后，我们把船运单号、报关单号、发票全部亮了出来，放在微博上告知大家这批货船现在已经在大阪港口，三天后会按时出现在宁波港。到达中国后，我们把中国海关的单据也亮了出来，让消费者对整个进出口流程看得透透彻彻，一点隐瞒都没有。等待集装箱上岸后，我们在网上宣布立即开箱特卖，以特别低特别低的价格开售，结果仅仅十分钟就抢完了四个集装箱。宁波的海关也被我们的举动震惊到了，怀疑我们是不是疯了。这哪里是疯了，只不过是我们想在黑暗的斗争中存活下来而已。

就这样，所有的证据链条，一条一条地连接下来。消费者虽然容易跟从负面的舆论导向行动，因为他们害怕买到假商品，这一点情有可原，但消费者不是傻子，他们有自己的判断力，会理性分析事情的真假，他们会判断你有没有卖假货。大家有没有见过一家品质有保证的公司会被谣言打倒？没有吧，真的是没有的。如果坚持做的是对社会有价值的事情，它是不会被黑暗手段打倒的，我坚持卖真货，我坚持说真话，无论有人怎么泼脏水，它是不会倒掉的。同时很庆幸的是，我们作为刚上线几个月的母婴电商，居然赢得中国母婴界半壁江山到微博上发声给蜜芽支援。到最后被敲诈的 400 万块钱我们一分钱没给，就这样咬牙挺过了这次的危机。

事情过去后，有人说，刘楠你胆子太大了，你自己没有做好准备就敢拿红杉的投资，还做出这么大的成绩，太遭人恨了，而且连个公关部门都没有，只能说无知者无畏。

别人评论得很对，2014 年的我太天真，是个初入创业圈子的"傻白甜"，以为人人凭本事吃饭凭努力挣钱就可以了，没有意识到现实中的商业战场根本不允许你做个"傻白甜",你必须在每次的风浪中快速实现自我成长和自我更新,这很像《甄嬛传》中后宫各位嫔妃打升级,作为一个小答应,即便没有什么地位和外联,只要她得到了皇上的盛宠,威胁到别人的地位,即便坐着什么也不干都可能被人下毒。要想活命,就必须把懦弱甩掉,迅速强大起来。

反过来思考,这件事情也促使了蜜芽更迅速地发展,首先我们以最快速度完善了企业内部的机构设置,其次与宁波保税区海关、宁波国际物流发展股份有限公司在宁波签署了三方协议,成为宁波保税区跨境电子商务试点企业,没过多久在广州保税仓的跨境业务也正式开始。当年 10 月份,蜜芽和中国平安保险股份有限公司在北京签约了产品质量险,中国平安保险公司为正品承保,为妈妈们提供坚实的第三方保障。在 2015 年 6 月份,蜜芽进驻重庆保税仓,成为国内首个通过铁路从欧洲运回商品的跨境电商。2016 年"3·15"消费者权益日,蜜芽被评为中国质量检验协会"全国产品和服务质量诚信示范企业"。除此之外,蜜芽还实行了"14 日便捷退货服务",如果妈妈对从蜜芽宝贝购买的商品不满意或者购买数量过多,宝宝用不完等等情况,只要商品未经使用,商品的吊牌及配件齐全,都可以享受"14日内退货"的便捷服务。

我觉得这就像一场无声的战争，战争是一个温柔女性创业者基因里本来没有的东西，女性创业者不好战，也绝对不会主动挑起战争。但当别人来挑起商业战争的时候，她就变成了非洲大草原上的狮子，但凡孩子被人攻击了，立马奓起身上的所有毛发去反击。这才是女人真正善战的地方。

女人善战是因为有爱的人，有爱的东西，有她小小的珍贵梦想。她守，她不攻击，但这并不意味着温柔的女人好欺负，也不意味着女人容易被打倒。你不知道的是，女人最具攻击性的部分，恰恰是她最柔软的那部分，她深爱的部分。那里是她的软肋，也是她强大的盔甲。所以，千万别跟一个有软肋有爱的女人去斗，因为看似柔弱的她们，绝对会因所爱的人赌上一切，往死里跟你拼搏。

电商很残酷，很黑暗，囤货竞价，商业间谍，抹黑对手，简直比电视上演的还要精彩百倍。风波过去后，又见识了不少商战中的钩心斗角、尔虞我诈，因此不再轻易相信别人，也不再为某一突然事件而乱了阵脚，我更注重听从内心的声音，也习惯性对任何恶的东西主动反击。

我知道各行各业都有它的黑暗，这没什么好抱怨的，因为未知的恐惧，往往存在于黑暗之中。但越是艰难黑暗的路程，越能使一个人快速强大起来，就像我在《奇葩说》上说的那句话：你只看到别人表面的光鲜靓丽，却忽略了别人背后的努力与汗水，铠甲永远都不是别人给你的，永远都是你先以最赤诚的肉身去面对每个人，在你遇见恶的时候，这个硬的东西会来刺伤你，让你痛，当你痛过之后，你会长出铠甲，这身铠甲会让你更加强大。

 # Part 5

年轻人在职场：
把一切献给当下

Create the World You Want.

能够清醒地认识自己、

认知社会是非常重要的，

你想要做什么、

能够做什么，

你的人生能不能够掌握在自己手里并且负责到底，

都要想清楚。

打破框架、

脱离轨道不是需要其他人谴责或认可的事情，

因为最重要的，

还是你自己的想法。

人生需要"出轨"，
青春可以尝试不同的选择

『 我是从来不给自己的人生设限的。意外和未来，哪一个会先来？ 』

最近看到网上有个很热的词叫"带货女王"，我不由得想起自己以前上大学时候的经历。我作为学生会主席，经常会组织一些活动，比如歌唱比赛或者其他团体项目，看起来是一本正经、不折不扣的"好学生"。然而另一方面，我也开始学着给同学们团购一些小物件，比如围巾、发卡什么的作为副业。

相比现在的市场和平台，那个时候的淘宝并不发达，除了物流缓慢之外，商品质量也是参差不齐，我不仅需要有"稳、准、狠"的挑选能力，还要满足同学们的个体需求。当时在淘宝上购物是可以跟商家砍价的，这就需要极强的说服力，更需要带着量去砍，我能组到最大数量的单子，老板就会给我一个最便宜的价格。

我用小号在大学工会的团购板上写下物品信息，汇总大家的报名信息，留下宿舍号，几天后大家来我的寝室取货，那个时候，我就有一种"货王"的感觉。

虽然这件事我是抱着玩乐交友的目的去做的，但现在想来其实还是有一些利润可图的。那个时候我刚刚接触社会，内心依旧保持着学生时代的单纯，如果把这件事情作为一个赚钱项目来操作、赚同学们的钱的话，会觉得非常不好意思。就是这种意识导致整件事情没有维持特别长的时间，再加上课业负担越来越繁重，最后也就不了了之了。现在回想起来，为什么我当时会觉得赚钱不是一件光彩的事情？为什么没有给每件物品加价10%或者更多地为自己盈利？还是和最初没有培养出正确的金钱观有关系。

能够锻炼自己的能力并且顺便帮助到身边的人固然是好事，但有钱可赚的时候因为羞怯或面子而放弃这种机会，不得不说还是傻得可爱。在商言商，我想对于每一个想要经营事业的人来说，都是需要牢记在心的事情。你的眼光和你的付出，才是最值得被自己尊重的。

就像我后来自己做淘宝店，在我父母眼中就是"脱离轨道"的事情，他们觉得我作为一个北大毕业的优秀青年，应该在学术或者"正当"工作岗位上好好为社会付出一份努力。其实从我给同学们带货，到如今把蜜芽做大做强，这些在我父母看来都并非主流，不符合他们的期望。然而，我是从来不给自己的人生设限的。

意外和未来，哪一个会先来？不去尝试更多的选择，做更多自己感兴趣、想做的事情，那我的人生还有什么滋味？做擅长的事情，是正确的选择，不因出身、专业限制自己。擅长意味着个人动机、兴趣、能力与职位的匹配，更容易做出成绩，实现自我价值。

但问题是，很多人并不喜欢自己擅长的事情或者想要尝试自己不擅长却喜欢的事情，还有大部分人没有机会去做自己擅长的事情。每个人的人生轨道不尽相同，想法也千差万别，然而只因为"稳妥"就将自己的青春时光付出，人生反而会索然无味。

在我的大学生涯里，也曾参与过一些其他人"脱离轨道"的事情。很多人都是在大学时期仅仅凭借一个想法就不顾一切去实施，最后成就了非常大的事业。有几个学生凑在一起想要去做家教，当时的大环境是几乎所有的北大学生都在做家教赚外快，作为名牌学校的大学生，家教费也会相对高一些。我偶尔也会去找一些这样的活儿来做，一个学期下来赚了 2000 块钱之后我就选择了放弃。后来我发现有一些人坚持做了下去，他们不仅坚持下去了，还把它当作长远目标去运作，凑钱租了一间小教室开始定点授课。

跟 O2O 一个道理，上门去一个家庭教学生，效率肯定低于租一间教室同时给十个学生授课。如果将授课内容开发成周边教材，再请几个好点的老师，更会大大提高授课效率，且双向盈利。

正是运用了这个模式，那几个北大学生越做越大，最终做成了如今的"好未来"。那时候我们所处的大环境都一样，也都能够找到家教的活儿，但是谁也没有想到，正是因为坚持和对市场商机的精准眼光，他们竟然能够做出来一个上市企业。

作为一个北大毕业的"好学生"，我有太多在别人看来应该做的事情，这是一个很重的心理包袱。换到当下毕业生身上，有人说你应该按照自己的专业找工作，有人说你不应该毕业之后直接做全职妈妈，或者你不应该去做什么海淘，不应该放下一切到处旅游……在你还没有做任何事情时，社会的规则、身边人的眼光就要把你套死了。这个时候，能够清醒地认识自己、认知社会是非常重要的，你想要做什么、能够做什么，你的人生能不能够掌握在自己手里并且负责到底，都要想清楚。打破框架、脱离轨道不是需要其他人谴责或认可的事情，因为最重要的，还是你自己的想法。

到了某一天，你可以完全不去管这些声音，反正它们也不会帮你增加任何个人能量和附加价值——当你能够认清这一点时，才是你真正成熟的时候。一旦迈出这一步，按照你自己规划的路线去走，哪怕过程不尽如人意，有曲折，有坎坷，你也会比其他人走得更远。这个步伐是停不下来的，你在自己自由的森林里越跑越快，那种畅快的感觉，是跟以前背着包袱做事情的时候完全不一样的。

每个人都经历过迷茫、不自信，不清楚自己需要什么、想要什么的阶段，但与其走在其他人为你设定的轨道上，不如低下头来问问自己的内心，哪一条路真正值得你坚持下去。退一万步来讲，假设你的"出轨"不是为了赚钱，也没有任何其他功利的驱使，最后也没有把它做成一番事业，它也特别有价值。因为当你不焦灼了，你就很快变成一个社会人了，你开始赚钱，开始想别的事情，再也不会有一段时间，你的面前一条轨道都没有，但你可以随便往外走。

我还做过一件令许多人跌破眼镜的事情。记得那年我刚从欧洲交换回国，在国外的网站上看到一段快闪视频，觉得特别棒。于是 12 月 2 日，我在网上发起了一场北大的快闪活动：号召大家带着同一种颜色的雨伞，聚集在北大三角地，下午 2 点 22 分，大家统一把伞撑起来，毫无规则地走动，五分钟后收伞，四散而逃。

当时在 BBS 上发起这个看似毫无意义的活动，我没觉得会有多少人参与进来，结果活动当天竟然来了三百多个北大的学生，我觉得特别意外。知道这件事情的朋友问我，这有什么意义吗，还是会获得什么结果呢？他们不明白我为什么要做这么一件事。很多新闻系的学长学姐找了一些媒体来报道这件事情，甚至登上了《新闻晨报》和《北京晨报》，造成了一时的轰动。北大学生在三角地搞一件这样的事情，怎么可能是没有原因、没有含意的呢？甚至后来团委还调查了半天，说是不是这三百多人想要抗议什么东西，调查完发现没有抗议，没有任何目的，就是简单地举个伞。所以你看，在别人眼里我们是想做些什么的，但是我们这三百多个学生，就只是图一个好玩和新鲜。没有人有任何损失，也没有更高层次上的收获，然而在此后的生活中想起来，也会觉得，哇，超厉害。

我的一个同学后来还问我："你是不是会再把这些人组织起来做一点什么事情出来？"我说我真的没有这个想法，这个活动最大的乐趣就在于大家一起做出了一个很壮观的举动，做完四散离去，从此再无联系。现在的社会陷入了一种共同的焦虑，尤其是年轻人刚刚走出校园步入社会，很容易产生一种"没时间了，快往前走"的急躁情绪。刚毕业的这些同学，延迟退休后，每个人的职业生涯从 22 岁到 65 岁甚至 70 岁，也就是说，你还有小半个世纪的奋斗历程，干吗强迫自己那么早冲刺呢？人这一辈子活的是生活，不是事业。那些成就，压在不成熟的人身上，都是负担。不要怕输在起跑线上，如果说输，当你还是孩子的时候，就已经输过很多次了。

人生那么长，总要有些压箱底的故事可以说给以后的自己听，并不是所有的事情都要有一个结果，都要盈利，好多事情、好多人的相遇其实都是没有结果的，最后大家四散走掉，但会永远铭记。

人生三万天，
是什么在拖延

『拖延有时候是一件利己的事情，聪明人懂得利用拖延症，而不是被它操控。』

TED 演讲里有一期很有趣，是关于拖延症的，演讲者是提姆·厄本，他讲述了他上大学那会儿写论文时的情景：

"我是学政务专业的，意味着我得写很多论文。当一名普通的学生写论文时，他们也许会把任务分摊开。所以，开始可能有点慢，但是一个星期后已经写了不少，接下来有时写得更多一些，最后一切搞定，事情不会搞砸。我也想这样，至少我的计划是这样。事实上，写论文的时候，我也是这么做的，而且每次都这样。最后到了写 90 页毕业论文的时候，这是应该花一年时间去写的论文。我知道对于这样一篇论文来说，我平常的做法行不通。毕业论文是个大项目。于是我计划好，一年的工作这么安排：起初少干点，中间几个月持续多干一点，最后加快速度，全力以赴——就像爬小台阶一样。爬台阶能有多难？没什么大不了的，对吧？但是接下来，有趣的事情发生了。起初那几个月，我基本没干什么。再然后，中间几个月竟然就这么过去了。然后从还有两个月到还有一个月，再到只剩两个星期。最后有一天，我突然意识到离截止日期只剩三天了，而我还一个字都没写呢，于是我做了我唯一能做的事——花了 72 小时写出 90 页论文。连续熬两个通宵，赶在截止日期之前交了论文。我以为一切就这么结束了。结果一个星期之后我接到一通电话，是学校打来的。

"他们问：'你是提姆·厄本吗？'我说：'没错。'他们说：'我们得和你谈一下论文的事。'我回答：'好。'对方接着说：'这是我们看过的最棒的一篇论文。'当然，那并未发生。这篇论文写得非常非常烂。"

我当时被这个视频逗笑了，因为实在是太真实了。他所举的例子，他在拖延过程中的那些想法，我想每个人都曾经历过。我们处于一个大的社会规则中的一些小规则之内，工作、学业、生命、爱情，每一件事物都有它的开始日期和截止日期。在这些日期中的每一个人，都会出现踌躇不前或者心灰意冷的情况。对大多数人来说，拖延症是洪水猛兽，它会将人拖垮。关于拖延症，我的态度跟大多数人不一样。我本人就是重度拖延症患者，我认清了自己这一性质，也坦然地接受了自己这样的性格。我拖延是因为我做了太多决定，所以有些决定我就是不想做。可能今天不想做，明天就直接做了；也可能是一种本能的抵触，就是不愿触碰某些事情。我也不是做不了，就是想拖延一下，这个拖延跟我平常快速做决定的状态会形成一种诡异的平衡感。有时候，拖延是因为觉得那件事情还不够重要。

如果事事都拖延，那肯定是有问题的。但如果在大多数事情上，你雷厉风行，快速做决定，只是在一小部分事情上，总不愿意面对，需要做好久的心理建设才会采取行动，我认为，这是你在寻找自己的节奏。如果所有的事情都"咣咣咣"这样快刀切下去，一定会出错。你需要控拍，有时快，有时慢，以保证事情顺利进行下去。拖延有时候是一件利己的事情，聪明人懂得利用拖延症，而不是被它操控。

还有一种情况，当下做不了决定，干脆将其搁置一边，过段时间，问题就迎刃而解了。因为环境随时在变化，稍一拖延，也许你就不用去做那件事情了。

现在的人老是觉得自己有这个症那个症，其实是一种戏谑的说法，大家并不会觉得有拖延症是一件多么要命的事情。对于拖延，也不是说要善待它，但是可以坦然面对它，或者说安放它。它的存在是 OK 的，它可能让你获得平衡感和解决问题的方法。我有拖延症，时间久了之后，甚至给我带来一种谜之自信，让我觉得一切尽在掌握。

拖延是因为自信最后能解决问题。如果拖延没解决任何问题甚至把事情搞砸了，你下次绝对不敢拖了。作为一名有节操的拖延症患者，你要明白你的工作里哪些是可以拖上一拖，哪些是绝对不能拖的。以我的经验来说，通常是那些重复性的、风险性低的、流程性的、常规性的、不具备衔接性独立运作的事情，才具备拖延的条件；而创新性的、经验不足的，作为中间衔接环节的事情，必须尽早完成，拖延不得。心焦不如开干，最能解决拖延和因此产生的煎熬心理的方法，就是 do it。

大部分的年轻人，心性不够成熟，在好多事情上也没有经验，有的时候畏首畏脚，不知道该如何是好，自然就会拖延。今天没想好该怎么弄，或者就是不想弄，但是明天早上就要交，那就明天早上提前两个小时起床弄吧。问题是如果第二天早上也没有弄完，该怎么办呢？这才是拖延症患者需要考虑的问题。拖延的底线是不能漠视结果。

漠视结果不叫拖延，叫不负责任。拖延是什么意思？是在负担得起责任的基础上，调整事情的节奏。有时候就没有办法，你就是干不完。有时候我在听同事谈任务分组时，内心也会有一个判断，他领了这么多任务，是否可以完成？

我对拖延有一套自己的"歪理邪说"。做一件事情的时候，我经常会寻找周围的"气场"，这个气场不对，我就容易产生拖延的念头，没有办法催促自己开始。也就是许多人俗称的灵感。我觉得拖延症患者是可以在晚上工作的，大多数拖延症患者都喜欢熬夜，因为晚上是一天中最容易做自己的时间段。白天你会被很多繁杂的事情打扰，那就干脆把它拖到没有人可以打扰你的时候再去做。当时间只剩四分之一，我会抖抖精神活动筋骨，迅速进入马达状态。如果你是那种专注度极高，效率极高，逻辑清晰的选手，适当拖延，似乎也没有什么不妥。但如果你是那种给时间拖延时间，不给时间就着急出错的选手，那么你就没法拖延。没有临时抱佛脚的水平，就踏踏实实地一步步认真完成，免得变成别人口中的"队友"。

有时候有的人看似在拖延，其实是在准备，他们从没忘记初心，潜意识里觉得时机不成熟，持续在酝酿、在思考。高级的拖延症是在负责任的基础上有自己的节奏。

我如果周末要完成某个文件的话，一般会在周日晚上12点开始做。在这之前的周五晚上，我一定是在玩手机、陪孩子什么的，周六可能会出去玩，周日一天躺在床上，或者其他干吗都行。我周日晚上12点开始做，大概工作三小时，然后睡六七个小时，第二天也能有很好的精神。整个周末，我虽然拖延了，像没有这件事一样，只是放松休息，但我最终还是会完成它，并不会影响接下来的工作和生活。这就是心中有数。你对工作心中有数，对自己的能力心中有数，像这样的拖延，没有任何问题。本来你是带着工作过周末，利用好拖延，就变得好像只是把周一延长了一样。而且你不会焦虑，心里不会一直记挂着那件事。偶尔想起，你也会面露微笑，知道自己能在截止日期前把它解决掉。

前面说的，是有截止日期的情况。还有一种拖延，发生在没有截止日期的情况下。比如想自己创业或者从事艺术类工作。

这个世界上，完全不拖延的人，大概只是极少数。作为普通人，我们要允许自己的弱点存在，但又不能完全被其驾驭。这就是一个控制的问题。在网上看过一个有趣的假设，假设我们可以活到90岁，

三万多天，哇！听上去好多啊！活着的每个星期是一个格子，每个
人都需要花些时间，认真看一下这个生命日历，思考是什么在拖延，
是你足够厉害，还是能力有限。有拖延症不怕，怕的是对拖延失去
控制。

"对未来的真正慷慨，
是把一切献给现在"

『 年轻人尚未定性，在还没有失去焦灼，依然拥有鲜活的生命和热情时，
待在立体的大城市，多看看世界的不同方面，不要太早把眼睛闭上。 』

蜜芽上线之后，我变得很忙碌，从产品生产到销售，很多事情需要我处理。最忙的时候，在去机场的路上开一个电话会议，在飞机上与左右同座的同事开一个会，下飞机后还有一个会要开。出差已经成为我生活的一部分，往往是前脚刚落地，后脚直接奔赴机场飞往另一座城市继续工作。我曾经在朋友圈笑言，能看到我发工作之外的状态，那就说明我有半个小时可以做一下自己。

有一次我在湖南卫视录制完节目后已经过了零点，接下来还要赶一班飞机返回北京，当时平底鞋放在行李箱最底层，我想也不想，脱下高跟鞋，光着一双脚就赶紧往车上跑，只为了能够准点到达，不错

过第二天的晨会。

你可能会觉得"天哪，这也太辛苦了"，然而，对于我自己来说，这样充实忙碌不停运转的生活，已经成为我可以安心接纳的部分，并且完全享受其中。一路走来，所有的事情我都是乐观面对的，因为我知道自己要的是什么，也知道这一切缘于我最初的选择。我一直觉得，未来是掌握在自己手中的，对未来的真正慷慨，是把一切献给现在。

而当我把自己能够做好的一切都完成的时候，我的内心是非常充盈愉悦的。

记得特别有趣的一件事情是，有一次我接受媒体采访时，主持人问我平时都有什么消遣。我说追剧、美容、刷微博，当时对方的脸上露出了惊讶的表情。我也很惊讶，这些事情难道不是每个女人经常做的吗？后来主持人又问我："你的微博是你自己在玩吗？"我说："对呀，有时间或者有想法了就去发一条，其次就是喜欢给大家抽抽奖什么的。"

有一次我在微博上做了个抽奖活动，收到一条私信。参加节目之前，我微博上的关注量并不是很多，后来《奇葩大会》那期节目播出之后，关注数一夜暴涨，我也成了"网络红人"。但并不会经常收到粉丝的私信，所以那个提问让我印象深刻。

那是一个即将大学毕业的女生，说在网上看到了张雪峰老师和马丁老师在《我是演说家》节目上就大学生的就业选择问题进行的讨论，正好她也特别喜欢我在《奇葩大会》里的分享，所以也想听听我的看法：大学生毕业后，究竟什么才是最好的出路呢？

应届大学生的就业问题早已经上升到社会问题的层面，就大学生而言，在面临毕业这道坎儿时，往往也做不到心安。无论有没有出路、做没做好选择，或者身边的人传授了怎样的经验，他们还是会感到焦灼。最根本的原因，就是心里没底，怕这一步没走好而毁了自己一辈子。而且刚毕业，多少还是有一点理想主义，又对真实的社会环境不够了解，自然就会焦虑。

我那个时候其实也挺迷茫的，用一个词概括的话就是"焦灼"，我用这个词形容我的青春。后来，我能够坦然地往回看的时候，我就觉得，当时我有什么好着急的呢？什么择业、就业，工资多少钱，要去哪个城市，有什么好焦灼的呢？我这时才发现，我已经没有青春了。不焦灼了，青春也没有了。

所以对年轻人来说，焦灼才是正常的，如果我用中年人的心态去给年轻人讲不要焦灼，那是徒劳的。应届大学生，或者说年轻人，就应该焦灼。什么是最好的出路，没有人会告诉你。青春就是要完成这场焦灼，每天痛苦得死去活来。这才是每个人应该经历并且数十年后会觉得无比珍贵的过程。

将心态调整好，选择无非几种：继续深造、出国或者考研，求稳定的可以考公务员，追求安逸的可以选择国企或事业单位，求个人发展的可以去私企、外企，有能力、有项目的可以自主创业。再不济还可以凭借一技之长搞搞副业，做点兼职。一蹴而就找到特别适合你，你又非常喜欢，还可以一直做下去的工作是不现实的。有时候好的工作比好的恋爱对象还难碰到，大多数人在择业时面临最多的问题，就是非本专业择业，毕竟本专业就业的学生更容易上手，幸福感也会相对高一点。

那些非本专业就业的人会加深迷茫感，他们面前的道路越多，越增加选择的难度。其实工作时间长了之后会发现，是否本专业就业这个事太无所谓了。所以大家在择业的时候，"出轨"的心态可以重一点，青春本不应该设置无聊的轨道，你又何必自己画地为牢。

我觉得应届毕业生最好的出路是找一份既能帮公司赚钱，又能帮自己赚钱，当然，还要能够充分施展个人才能的工作，这是最理想的情况。我并不觉得非得走读研这条路，我是认可直接就业的，很多人选择考研实际上是因为还没有想清楚以后要怎么走，他们太迷茫了。如果你已经形成了正确的金钱观、世界观、价值观、人生观，你就已经是可以毕业的状态了。

为什么大学毕业生在就业中容易迷茫呢？其实就是你不知道你找的这份工作的价值是什么，是否有前景，或者你不知道自己是否能胜任。太多奇奇怪怪的东西成为你选择工作的衡量标准，反而忘记了工作的根本，是赚钱养活自己。所以我建议大学毕业生找一份能落地、能赚钱的工作。

比如销售，比如市场拓展，都是能落地的工作，你在公司里面的价值，直接体现在每一单业务上面。你干多干少，就是不一样。你卖得多，你的订单就多，一个订单就是一次激励。所以我感觉刚毕业的人去做销售，基本上不会迷茫的，迷茫也是两三年以后，想要寻找一个更好的平台。大多数第一年就迷茫、卡在选择出路上的人，他不知道工作的好与坏该用什么衡量。

好的公司，当你帮它赚钱的时候，它会立马回馈你，给你激励。

在职业生涯理论上，有一个极其重要的阶段，叫作青年期，大概是每个人的 17 岁到 45 岁。这里面还有一个时期叫青年期早期，大概是 22 岁到 28 岁。这段时间青年人刚进入成人世界，既要面临工作和人际关系上的角色转换，又要保留自由选择的权利，建立自己稳定的生活结构。随着社会高等教育体系的发展，硕士和博士的比重会越来越高，而退休年龄的延迟与平均寿命的增长，延长了人生的每个区间。所以在二十几岁的时候，完全可以多尝试几个爱好和几个职业方向，你有大把时间去改正。正因为体验过其他方向，你才会对你最终选择的道路充满确信。

最后想要说的问题是，毕业后究竟是留在一线城市，还是直接回到老家发展，一个更有压力，一个相对轻松。我的建议是最好留在一线城市，因为城市结构是立体的，一个立体的城市，你跟它接触的切点就是立体的，每一面都不同，每一面都能够让你成长。你可以每天过着安逸的生活，你也可以随时接触到最激动人心、紧张跌宕的名利场。这个世界的任何一面，你都可以在大城市中体验到。如果你去安贞小区的菜市场，照样可以过三线小城市的日子；等你换身衣服，打上滴滴，又可以体验三里屯、国贸的高端奢华。世俗世景存在，亮丽光鲜也存在；国际化存在，光着膀子、摇着蒲扇的人们也存在，正是生活的精彩。

年轻人尚未定性，在还没有失去焦灼，依然拥有鲜活的生命和热情时，待在立体的大城市，多看看世界的不同方面，不要太早把眼睛闭上。

04

做优秀的管理者，
不断帮公司打开边界，
而不成为业务的天花板

『有想法并不能说明任何东西，一定要有数据或者事实做支撑。』

前几天公司开会的时候，人力资源部的同事问我，如何管理能力比自己强、资历比自己深的员工。我当时想到了俄罗斯套娃。很久以前，一个从小失去父母的小伙子和妹妹相依为命，但妹妹在一次牧羊途中被风雪所困，最终丢失在茫茫雪海里。哥哥对妹妹非常思念，就刻了一个木头娃娃带在身边，每一年哥哥都会刻上一个大一些的，在他心目中，妹妹又长大了一岁。就这样过了很多年，哥哥刻了许多木头娃娃。这个故事流传了很久，渐渐地，套娃成为俄罗斯的传统工艺品，同时也成为青年男女表达爱慕之情的礼物。俄罗斯套娃的特点是，木制的精致娃娃，一般是三到五层，一层套一层，一个比一个小，而且每层的娃娃都很像，也很可爱。

美国奥格尔维·马瑟公司总裁奥格尔维先生，在企业管理中首次发现这个有趣的现象。在一次常规董事会上，他在每位与会者的桌上，摆了一个他从俄罗斯带回来的玩具娃娃。"请大家都打开娃娃看看，那就是你们自己！"奥格尔维说。董事们带着疑惑打开眼前的玩具，一个接一个地出现更小的同类型玩具。接连五层，全部如此。当他们打开最后一层时，发现奥格尔维写的一张字条："你要是永远只任用比自己水平差的人，那么我们的公司就会沦为侏儒；你要是敢于起用比自己水平高的人，我们的公司就会成长为巨人公司！"

为什么几乎所有公司都会出现俄罗斯套娃现象？人性使然：起用比自己差的人，这样自己就最安全，下属也最容易管理，位置也最不会受到威胁。这是人性的弱点，也是帕金森定律所揭示的人们在组织中生存所选择的第三条出路。这种企业管理观是非常危险的，管理者自动成为了业务的天花板，因为他认为自己应该永远是最好的，而无法忍受从下属那里学习新知。这种思维将直接导致企业发展节节退败，最终停在一个原点。

这就是著名的"奥格尔维定律"：善用比自己更优秀的人。我觉得非常好理解，其实这和我们常说的长江后浪推前浪一样。后来者越强大，企业的边界越宽广。企业管理者可以把自己当成奥格尔维定律里的套娃，但要做好准备，甘心做最小的那个套娃。为企业引进的人才都是更大的套娃，人才未来再引进新的更强的人才，这样的企业，有人才的天花板？不存在的，只会越来越强大。而在这个过程中，管理者也学到了更多。当他看到了更大的世界，眼界、格局、胸怀，都将上升到人生的新阶段。

在长江商学院上课的时候，陈春花教授讲到一个有意思的模型，即员工与公司的契约模型。公司和员工的利益存在三种契约关系，即社会的契约、经济的契约和心理的契约。经济的契约好理解，员工付出努力，公司支付薪资。社会的契约，上升了一个层次，是基于双方的社会责任，在企业中的义务和互通的关系。而心理的契约，则是人与公司，人与人之间无形的心理期望和承诺。是的，员工和公司之间，因为这些契约关系，在同一条路上，携手向前行。而契约的履行，是携裹着企业伦理的，既需要激励，也需要智慧。

如果想要公司持续高速发展，不断注入新鲜血液是一方面，而能力的迭代则更为重要。这势必会出现下属的能力要比自己强的局面，那么问题来了：如何管理能力比自己强的下属？著名的螃蟹效应，颇有深意。钓过螃蟹的人都知道，竹篓中放了一只螃蟹，必须记得盖上盖子，多钓几只后，就不用再盖上盖子了，因为这时候螃蟹是爬不出来的。原因很简单，当有两只或两只以上的螃蟹时，每一只都会争先恐后地朝出口爬。但篓口很窄，当一只螃蟹爬到篓口时，其余的螃蟹就会用威猛的大钳子抓住它，最终把它拖到下层，由另一只强大的螃蟹踩着它向上爬。如此循环往复，没有一只螃蟹能够成功。而和尚抬水喝的故事，说的也是这个道理。

因此，不论公司规模多大，如果公司成员目光短浅，只在乎个人利益，而把企业的利益抛到脑后，互相挖坑、内斗、推诿，就产生了我们所说的内耗。这个时候，1+1<2 的不等式就出现了。内耗的表象，看似站队，实则会慢慢掏空企业。大家的心思都放在争抢个人利益上，都为了谁的面子好看，哪里还有时间去思考如何提高工作成绩和效率。这样的企业，也许在初期抓准了市场机会，爆发过，辉煌过，垄断过，得意过。但在发展过程中，不去思考组织的未来，一味地热衷于结党夺势，势必有一天，终将失去活力，淹没在汹涌的大潮中。没有创新的组织不足以谈生存，没有合力的企业不足以谈发展。而创新和合力，要依靠的都是人。因此，一个好的公司，一个有活力的公司，一个能够持续为社会创造价值的公司，需要产生更多的凝聚效应，而不是螃蟹效应。组织内的人，明确自己所扮演的角色，是为

了让企业获得 1+1>2 的结果，而不是相反。

所以在职位确定过程中，作为人事任命的 CEO 一定要有统领大局的眼光，要排除个人情绪，从公司的长远发展上来任命真正能够带领团队进步的领导。树立明确而远大的目标。"创业难，守业更难"，这句话恰恰说明了在创业时团队有明确的目标，团队成员的目标能够一致，而守业则容易窝里斗，大家会为了各自的利益相互牵制。然而，发展才是硬道理，因为发展能为团队成员带来新的机会，增加新的岗位，拓展团队成员的成长空间。

很多管理学的经典著作中，都强调科学的用人制度。人是支撑企业发展的必要元素，用人制度的高度，从某种程度上看，将决定企业发展的高度。公司要不停歇地向前进步，需要制度保障去构筑团队工作的良好环境。如果单纯把一个人放在他看似适合的位置上，而不考虑全局发展，不仅个人发展会受到限制，团队的利益和发展也会受影响。因此，用人是门学问，制度更是要诀。健全的用人制度会帮助人才在适合的位置上发挥光热，同时保证团队利益最大化。人才感到公平，形成良性竞争的氧气环境，权力和责任正向相关，那么走在前面的人，就是有能力和责任感的优质领袖，带领整个团队携手向前。

每个身在职场中的人心里都有一杆秤，尤其对于升职加薪这种事。因为各种原因，心里可能会有不平衡的时候。同样的公司，同样的起点，那个你觉得不如你的人却比你走得更远。为什么提拔他呢？我的能力并不比他差呀。这种因同事发展得比自己好而引发的不平衡很常见。更严重的是，有人甚至会觉得领导比不上自己。有句话说，"不能把这个世界让给你所鄙视的人"，更加重了这种不平衡。

作为 CEO，我要对有这种想法的年轻人说一句，你的能力比领导强，多半是个错觉。认知四大境界，分别是不知道自己不知道、知道自己不知道、不知道自己知道和知道自己知道。听起来很拗口，但是你静下心来仔细想想，就会发现所有的事情都是如此。你觉得自己的能力比领导强，很可能说明你的境界处在第一层。有些人抱着"我比领导强"的想法停留在原地，可能内心非常煎熬，也可能会公然和领导作对，但并不采取实质性措施。而有些人真的采取了行动，比如跳槽。等他们跳槽三次以后，蓦然回首，可能会发现原来的领导非常棒。这是一定会发生的事情，也是因为年轻而要交的学费。那么，怎么判断你的能力是否真的比领导强呢？你必须拿出实打实的数字来说明这个问题。如果你是一个市场公关人员，你写的文章比领导改过的文章获得的点击数和评论数更多，那就说明你在文字水平和选题水平上高过你的领导。如果你是一个采购人员，你自己选择 KPI 自己领取任务，当你完成任务甚至超额完成任务时，领导负责的案子却没有你的转化率好，那么这个也是很能说明问题的，就是你比领导要强很多。

我曾经因为秘书请假，从下面调上来一个年轻女孩。这个女孩在做了一个礼拜我的秘书之后我发现一个细节，她刚开始给我当秘书的时候，每天会有很多需要我签字和批阅的文件送到我办公室。经过一段时间的整理，她发现其实文件分为两类，一类是程序性签字确认的文件，另一类是各部门申请审批的文件。

在那之后，送到我这里来的文件被分放在左右两边，左边是不紧急的程序性签字确认的文件，右边是各部门等着的审批类文件，以便我优先处理。同时，每份文件都已经翻到签字页，并用曲别针在右上方夹住，这样如果我不想翻看内容就可以直接签字，如果想翻看内容，曲别针也不会碍事。

在我调她上来之前她就是一个刚毕业的小女孩，什么工作经验也没有。但是我发现，在她做了我的秘书之后，我的工作效率是提高了的，她甚至比我之前用了一年多的那个秘书还要认真负责。所以当你觉得你的能力比别人强的时候，有想法并不能说明任何东西，一定要有数据或者事实做支撑。

　　大多数情况下，当你觉得你的能力比领导强的时候，都不是真实的。比如说你想到了什么，他没想到，这并不能说明你的能力比他强，很可能你想到的东西不重要。每个人都是站在自己的角度考虑事情，觉得自己厉害，觉得自己特别棒，并不能说明问题。从现在开始，你要学着在数字上验证你比别人牛，这是个很好的方法论。你天天想着怎么验证，一年过去，你可能真的做出一些成绩，那也挺好的。每个人都可以给自己立一个假想敌，然后不断 PK 他，不断地督促自己进步。

　　最后一点我觉得特别重要，就是刚刚步入职场的年轻人，你的脾气永远不要超过你的能力。如果你的能力真的比领导强一点，也OK。但认知一定要是正确的。解决好认知问题，解决好验证问题，如果确定你比你的领导能力强，再考虑该怎么行动，该如何爬上更高的位置。

"三天可见"的朋友圈，
在隐藏哪一个自己

『你有底气让所有人看到你的每一面，你会活得越来越真实，越来越无所畏惧。』

有一天我看微信提示更新，点进去发现是推出了新功能：允许朋友查看朋友圈的范围，其中有全部、最近半年、最近三天。后来在公众号上看到好几篇关于这次微信功能更新所引起的新论调。大概意思就是，与其被好友设置"朋友圈三天可见"，倒不如互相拉黑，江湖不见。

说起来，随着智能手机的普及，越来越多的人早已习惯微信交友这种方式，而加了新好友的第一件事，也无外乎是点开对方的朋友圈，看看对方到底是什么样的一个人。说白了，与其互相用言语试

探、摸索，倒不如直接翻翻对方的朋友圈，更能快速直观地了解其
成长经历和心路历程。所以这次的新功能，虽然便于一部分人自我保
护，但更多的回馈表示，朋友圈仅显示三天，就等于拒绝了所有人了
解你的途径。全面暴露自己的生活的确会让人不安，如果只展示一部
分朋友圈信息，既能够保护隐私，又能让人在某种程度上了解自己。
就好像一个开关，我打开，可能是因为心情好或者有信任感；状态不
好的时候关闭，等调整好之后再打开。网上还有这样的言论：陌生人
加好友之前还能看到十条信息呢，作为你朋友圈中的一员，我却只能
看到三条？那还不如不加好友呢。

那天跟下属去外地出差，刚开完会坐上返程的出租车，我说：
"你加一下对方负责人的微信，做下后期沟通工作。"同事点点头，然
后突然嘟囔了一句："哎呀，忘记设置三天可见了。"

我一下就笑了，说："怎么加个好友还要设置啊？我看你朋友圈
挺干净的啊。"他表情有点无奈，说现在加微信好友基本都是先设置
三天可见，不光是他这样，其他人也都是这么做的。说完他还给我看
几个新加的公司同事微信，说："你看，我也只能看到对方三天之内
的朋友圈。怎么说呢，算是当下的一种社交习惯吧。"

我一下来了兴致，跟他就这个问题讨论起来。

我说："如果别人将你设置成短期之内可见，你不会觉得不舒服吗？"他想了想说："一开始是有点别扭，但这样做了之后反而发现自己的生活更有余地，毕竟相较前两年的微信，如今的微信更像是用于工作的一种社交工具。

"如果觉得可以公开，自然会在接下来的交往中开放自己的朋友圈；反之，如果只是简单的工作接触，之后再无交集，那么也顶多是在微信好友列表里安静地躺着，自然也不需要开放自己的生活状态。"

说完之后同事又问我："姐，你怎么看？你平时接触的都是这总那总的，他们也会考虑这种问题吗？"

我想了想，好像还真没注意到这个问题。其实我觉得没有什么好特别在意的，因为每个人对朋友圈的理解肯定是不一样的。有的人把朋友圈当作接触社会的界面，他可以随时展示自己生活的一个侧面，使其成为一个交流点，让有兴趣的人围观议论。有的人则把朋友圈当作私人日记本，单纯作为发泄情绪的一个地方，随时发发牢骚，或者记录心情，相对来说对私密性的要求会高一些。如果当作私人日记本，我特别理解这类人提前设置三天可见的心理，甚至有些人的朋友圈是完全关闭的，是所有人不可见的，这些我都可以理解。

这个朋友圈三天可见其实是社交需求和隐私保护相互冲突的产物。如果是这样理解的话，那么每个人其实都需要两个甚至更多的朋友圈，将工作信息及其他可以公之于众的信息和私人信息分开来。这样就不会产生尴尬和焦虑，不用考虑这条信息要屏蔽谁，或者那条信息发出去是否会对自己的职场形象产生影响。

当然，微信其实是有分组功能的，把这个功能用好，按照分组来规划自己的朋友圈，也能很好地解决这个问题。

作为职场人士，你有些信息需要你的领导、同事及客户看到，你的工作状态、你的心得体会、你们公司的产品介绍……拿销售这个工作举例，你朋友圈肯定要发你公司的产品有多好，甚至不能是假心假意地发，你要真心觉得这个产品太好了，而这些信息是不需要你的亲戚朋友知道的。有些职场新人可能也会利用朋友圈来博取上司、同事的好感，这也是一种小心机，但身为上司，我其实更看重员工自身的能力，而非朋友圈里表现出来的"努力"。

另一个方面，你需要一个朋友圈留给家人朋友和自己，那个朋友圈看的人要少，因为只有少数的人能真正懂你，让你表达内心最真实的想法。你可以发不想起床的星期一、有一点难过的星期五、睡不着觉的下雨的晚上……你可以多愁善感，甚至"矫情"。

我觉得在朋友圈这个问题上，对谁都不要三天可见。设置三天可见，就好像大家相约一起去KTV玩耍，每个人都点了自己想唱的歌，而你只是安静地坐在角落，像个局外人，并不参与进来。没有人知道你在想什么，但一定会觉得你这个人不真诚，戒备之心比较重，而且你也没有遵守游戏规则的自觉。要么别去玩，去了就应该放开，好好地展现自己。事实上，朋友圈显示三天和彻底屏蔽从本质上来说并没有太大差别，都是把对方排斥在自己的生活之外，只不过前者显得不那么绝情，却更让人难受。对于亲密的人来说，展示三天的朋友圈也是一种伤害。有些人还以微信里陌生人太多为理由，屏蔽不彻底，打开也不彻底。其实我们只是把朋友圈想得太重要了，因为一个不喜欢你的人是不会去翻你的朋友圈的。而且我发现一个特别有趣的现象，在"朋友圈三天可见"这个浪潮袭来时，身边许多年轻人都纷纷效仿起来，几个星期后，又都解除了限制，回到最初的全部可见了。

我后来问过一个小朋友，我说你这么做的原因是什么呢？他发了个特别不好意思的表情给我，说其实最开始把朋友圈设置成三天可见，只是希望看起来多一份神秘感，然而过了一段时间之后，他难过地发现，根本没有人看他的朋友圈了。以前公开所有朋友圈的时候，大家还会给他点赞，还会有暗地里喜欢他的女孩熬夜翻遍他所有的状态，或评论或点赞。然而自从"三天可见"以后，且不说朋友圈的评论越来越少，朋友对他的关心也越来越淡，就连这种让人会心一笑的小浪漫也不复存在了。有一次上司让他和客户对接某个项目，他下意识设置了"朋友圈三天可见"，并且因为工作忙，许久没有更新过朋友圈。后来在饭局上，上司有意无意地说，客户觉得他不真诚……人家本想通过朋友圈了解你的为人，可惜你设置了"三天可见"。

也许每个人都有两副甚至三副面孔，尤其在年轻的时候，不能很好地处理多面的自己。这个时候，用两个朋友圈没有问题。但是，未来有一天，你的每一面越来越像，你统一成一个完整的你。那个时候，你与自己达成和解，真正成长起来。

到时候，你不需要两个朋友圈，不需要设置分组，你的家人朋友可以了解你的工作，你的领导同事也能了解你的生活，你有底气让所有人看到你的每一面，你会活得越来越真实，越来越无所畏惧。

Epilogue

| 后记 |

生于 1984 年

在我出生那一年，北大学生在国庆仪式上打出了"小平您好"的横幅；

在我 6 岁那一年，上海浦东新区开发启动；

在我 13 岁那一年，香港回归；

在我 18 岁那一年，南水北调工程开工；

在我 24 岁那一年，北京奥运会举办。

像我这样生于 1984 年的一代，成长在改革开放后商品经济的浪潮中，没带太多过去苦日子和物资短缺岁月的烙印，反而见证着经济的狂飙突进，体会着国家的日益强大。

同时，像我这样生于 1984 年的一代，是完全被放在市场竞争环境下成长的一代。小时候补奥数，竞争好的教育资源；毕业后竞争好的工作，挣钱要竞争，房子要竞争，找对象结婚也要竞争。伴随着城市化进程，数以千万计的我们成了北漂、沪漂，在大城市的折叠挤压中寻求发展。"国家分配工作，单位分配房子"，听起来像天方夜谭，也难怪"那时候车马书信都慢，一生只够爱一人"。

成长在竞争的时代，我们每个人都承受着必然的张力：奋斗而求发展，却又焦灼着、惶恐着。我们无法从父母辈寻求到答案，也没有兄弟姐妹可以依靠。我们是自我的一代，又是迷失自我的一代。

我在辞职生孩子的两年时间里，通过放下一切对标，撕下北大毕业生和世界五百强白领的标签，放下"好孩子"的标准，甚至放下让父母满意自豪的执念，反而重新找到自我的入口。并通过创业，让自我回归真我，有了迸发的机会。

所以，这是最残酷的时代，也是最好的时代。时代给我们这一代人的恩赐，恰恰就是我们天然适应了竞争，天然对美好事物有自己的标准。我们希望按照我们的方式去定义世界。而每一种变革都来自我们这代人的日拱一卒，循序渐进。

34 岁，在坚硬中柔软，在纷繁中强大

我爱对酒当歌的炽夜，更爱四下无人的长街。

与自己和解，方能创造我想要的世界。

附 2015 年，刘楠写的歌词《小小的你》

有人说，这个"你"，是她的女儿。也有人说，这个"你"，是蜜芽这家公司。

小小的你

记得你，第一声笑
和第一声妈妈
记得我，第一次离开家
你揪着头发，蹬起脚丫

时间那么快
小小的你很快长牙
好怕没有陪伴你
想留下每次的咿呀

世界那么大
小小的你让我出发
孤独路上不怎么怕
小小的你陪我长大

为更多的你出发

只因为，这是我们
甜蜜的萌芽

记得你，第一声哭
和第一声爸爸
记得我，第一次离开家
你揪我头发，蹬起脚丫

时间那么快
小小的你很快会爬
好怕没有陪伴你
一起数桥下的黄鸭

世界那么大
小小的你让我出发
孤独路上不怎么怕
小小的你陪我长大

为更多的你出发
只因为，这是我们
甜蜜的萌芽

图书在版编目（CIP）数据

创造你想要的世界 / 刘楠著 . —长沙：湖南文艺
出版社，2018.9
　ISBN 978-7-5404-8838-3

　Ⅰ . ①创… Ⅱ . ①刘… Ⅲ . ①女性—成功心理—通俗
读物 Ⅳ . ① B848.4-49

　中国版本图书馆 CIP 数据核字（2018）第 195740 号

上架建议：畅销·励志

CHUANGZAO NI XIANG YAO DE SHIJIE
创造你想要的世界

作　　者：刘　楠
出 版 人：曾赛丰
责任编辑：薛　健　刘诗哲
监　　制：毛闽峰　李　娜
策划编辑：李　颖　雷清清　谢晓梅
文案编辑：周子琦
营销编辑：杨　帆　周怡文　刘　珣
封面设计：张丽娜
版式设计：梁秋晨
出版发行：湖南文艺出版社
　　　　（长沙市雨花区东二环一段 508 号　邮编：410014）
网　　址：www.hnwy.net
印　　刷：三河市中晟雅豪印务有限公司
经　　销：新华书店
开　　本：880mm × 1270mm　1/32
字　　数：135 千字
印　　张：7
版　　次：2018 年 9 月第 1 版
印　　次：2018 年 9 月第 1 次印刷
书　　号：ISBN 978-7-5404-8838-3
定　　价：42.00 元

若有质量问题，请致电质量监督电话：010-59096394
团购电话：010-59320018